# 中国林业优秀学术报告 2021

中国林学会　编

中国林业出版社

**图书在版编目（CIP）数据**

中国林业优秀学术报告.2021 / 中国林学会编.—
北京：中国林业出版社，2022.9

ISBN 978-7-5219-1864-9

Ⅰ.①中… Ⅱ.①中… Ⅲ.①林业—研究报告—中国
—2021 Ⅳ.① F326.2

中国版本图书馆 CIP 数据核字 (2022) 第 164788 号

**中国林业出版社·建筑家居分社**

**责任编辑**：樊　菲

**电　　话**：（010）83143610

---

**出　　版**：中国林业出版社（100009　北京西城区刘海胡同7号）

**网　　址**：http://www.forestry.gov.cn/lycb.html

**发　　行**：中国林业出版社

**印　　刷**：北京博海升彩色印刷有限公司

**版　　次**：2022年10月第1版

**印　　次**：2022年10月第1次

**开　　本**：787mm × 1092mm　1/16

**印　　张**：12.75

**字　　数**：200千字

**定　　价**：88.00元

---

本书可按需印刷，如有需要请联系我社。

## 本书编委会

# 前　言

2021年是中国共产党成立100周年，也是全面建设社会主义现代化国家新征程开局之年。在习近平新时代中国特色社会主义思想的指引下，中国林学会以党史学习教育为契机，紧紧围绕世界一流学会建设目标，以“百年学会，与党同心，牢记使命，奋斗终生”教育为主线，弘扬以林报国、振兴中华的精神，践行科教兴林草、生态惠民生的使命，以“替河山装成锦绣，把国土绘成丹青”之志为生态文明、美丽中国建设贡献力量。

2021年，遇到了新冠肺炎疫情的严峻挑战。在广大林草科技工作者的支持下，学会积极应变，及时调整活动方式和内容、学术交流等各项工作克服了困难，在前进中发展。一年以来，学会紧紧围绕党和国家大局，聚焦新时代学会的职责使命，大力弘扬梁希科学精神，坚决扛起团结科技工作者、凝聚创新创造力量的责任使命，推动林草科技创新、促进产学融合。通过大力实施学术引领计划，综合汇聚“科创中国”“智汇中国”的院士、知名专家、行业领导等高端智库力量，以具有深度的学术研讨、主题鲜明的选题咨询和富有成效的专题调研等多种方式，提出了一系列具有针对性、操作性、实效性的意见建议和理论成果。中国林学会各分会、专业委员会，各省级林学会和相关涉林草机构也通过形式新颖、内容丰富的学会活动，集中展示了创新动态，深入探讨了焦点难点问题，为创新驱动林草高质量发展作出了积极贡献。

《中国林业优秀学术报告 2021》致力于全面展示和重点归纳年度创新创造成果，通过传播其中具有代表性的新理念、新思想、新技术，为广大林草科技工作者把握时代方位、理清发展思路、创新方法举措提供重要启迪和参考借鉴。本年度共征集到林草碳汇、木材工业、木本粮油、森林食品、生物质能源、自然保护地建设等领域学术报告 40 余篇（含约稿），遴选收录院士报告 4 篇，特邀学术报告 11 篇，决策建议报告 4 篇。这些报告汇聚了林草高质量发展中的关键性、重要性和机遇性问题，既有碳达峰碳中和背景下林草发展路径的探讨，也有贯彻落实“藏粮于民、藏粮于技”等国家战略的现实思考，更有很多新领域、新课题的新成果，集中展示了创新动态。但由于篇幅所限，难免存在很多不足，望广大读者批评指正。文章统一略去了参考文献，一些引用的文字、数据或者图表也未标明引用出处，在此做特别说明。

最后，特别感谢各位专家学者在本书约稿和编撰过程中的大力支持，感谢各有关分会、专业委员会、各省级林学会和相关涉林草机构在稿件征集过程中给予的大力帮助，希望大家积极推荐高水平高质量的学术报告，一如既往支持中国林业年度优秀学术报告的编辑出版工作，让年度学术报告真正成为启迪思维、务实管用、解决问题的学术精品，真正成为推动科技交流、提升发展质量、助推林草科技航船破浪前行的学术阵地。

编　者

2022 年 5 月

# 目 录

# 目　录

# 第一篇

# 院士报告

# 发挥森林碳汇、碳贸易在“双碳”战略中的重要作用

尹伟伦
（中国工程院院士、北京林业大学教授、全国生态保护与建设专家咨询委员会主任）

从 2020 年 9 月 22 日在第七十五届联合国大会辩论发言，到 12 月 12 日纪念《巴黎协定》达成五周年在气候雄心峰会发表重要讲话，习近平总书记两次宣布中国积极应对气候变化的新目标“二氧化碳排放力争于 2030 年前达到峰值，努力争取 2060 年前实现碳中和”。此目标坚定了中国走绿色低碳发展道路的决心，描绘了中国未来实现绿色低碳高质量发展的蓝图。

从碳达峰到碳中和只有 30 年时间。这 30 年的时间内，我国要实现在一定时间内，所有企业、团体和个人等直接或间接产生的温室气体排放总量，通过植树造林、节能减排等形式完全抵消，最终完成二氧化碳的“零排放”。为了如期实现碳达峰碳中和，提出以下三点建议：

## 一、要充分认识碳达峰碳中和的三个关键阶段

第一阶段，主要目标是碳排放达峰。在达峰目标的基本要求下，重点任务是降低能源消费强度和碳排放强度，控制煤炭消费，发展清洁能源。

* 2021 年 12 月，在北京举办的生态产品价值实现高端论坛上的特邀报告。

第二阶段，主要目标是快速降低碳排放量。达峰后的主要减排途径转变为大力发展可再生能源，大面积完成新能源汽车对传统燃油汽车的替代，同时完成第一产业的减排改造。

第三阶段，主要目标是深度脱碳，参与碳汇，完成碳中和目标。深度脱碳到完成碳中和目标期间，工业、发电端、交通和居民侧的高效、清洁利用潜力基本开发完毕。

## 二、建立健全我国碳交易市场体系

从 2011 年起，中国逐步选择在 8 个省（自治区、直辖市）设立碳交易试点，将碳排放量较大的企业纳入碳交易试点企业。生态环境部的数据显示，截至 2021 年 3 月，试点阶段的碳市场共覆盖 20 多个行业、近 3 000 家重点排放企业，累计覆盖 4.4 亿 t 碳排放量，累计成交金额约 104.7 亿元。同时，为了达到适应与减缓气候变化的目的，在国际碳基金的推动下，在区域和国家间也开展了减排或增汇项目，实现了碳信用指标超越国家界限的买卖和交易，形成了国际碳市场。2005 年 1 月，欧盟碳排放交易市场正式启动，碳排放权成为全球范围内可交易的商品，全球碳市场初步形成。根据国际碳行动伙伴组织（International Carbon Action Partnership, ICAP）发布的《2019 年度全球碳市场进展报告》，当前全球 27 个不同级别的司法管辖区，包括 1 个超国家机构、4 个国家、15 个省和州以及 7 个城市，正在运行 20 个大大小小的碳市场，占到全球各国 GDP 总和的 37%，所覆盖的碳排放占到全球各国总排放量的 8%。

## 三、充分发挥森林碳汇（尤指林业碳汇）的重要作用

森林作为陆地生态系统的主体，是系统中最大的碳库，而且森林的碳汇功能是

应对气候变化最经济有效的方式之一。我国高度重视森林碳汇在应对气候变化中的作用。截至 2020 年年底，全国森林覆盖率达 23.04%，森林蓄积量超过 175 亿 $m^3$，比 2005 年增加超过 45 亿 $m^3$。而且中国森林"碳储量"逐年增长，根据全国第九次森林资源清查（2014—2018 年）结果显示，全国森林植被总碳储量约为 91.86 亿 t。林业碳汇是一项"双赢"机制，发展中国家植树造林，解决了发达国家的减排成本问题，且能够促进发展中国家的可持续发展。通过实施林业碳汇项目，可以为发展中国家带来林业发展的资金，解决由森林的外部性引起的林业投入不足问题，也促进了发展中国家的生态建设。发展林业碳汇产业有助于改善和美化生活环境，充分发挥森林对于全球生态环境、社会环境、经济环境和文化环境等多方面的巨大功能和效益。通过林业碳汇措施降低大气中二氧化碳浓度已成为国际公认的缓解全球气候变暖的有效途径。

## 作者简介

尹伟伦，男，1945 年生，中国工程院院士，北京林业大学教授，著名林学家、生物学家、林业教育家。曾任北京林业大学校长，国际杨树委员会执委，中国林学会副理事长，第十一、十二届全国政协委员。长期从事树木生理学、林木及花卉生长发育调控机制、植物抗逆栽培生理及分子机制、速生和抗逆良种选育、分子生物学基因工程等研究。发表论文 300 余篇。获国家科学技术进步奖和技术发明奖 6 项，国家级教学成果奖 2 项，省部级科学技术奖、教学成果奖 25 项。被授予全国优秀科技工作者、全国模范教师、国家有突出贡献中青年专家、首都劳动奖章获得者、"2010 绿色中国年度焦点人物"特别贡献奖等 10 余项荣誉称号。

# 对高质量发展我国草种业的思考

南志标
（中国工程院院士、兰州大学教授）

本文从种质资源收集、保存、评价和利用，新品种选育，种子生产及质量管理体系等方面，总结了我国草种业的现状，分析了我国草种业面临的挑战，提出了相关的建议。总体而言，我国草种业已取得了巨大进展，初步建立了完整的体系，在国家食物安全和生态安全保障中发挥了重要作用。但目前尚难以满足国家的重大需求，需政府给予特别的关注与支持，补齐这一短板，将我国建设成世界草种业强国。

## 一、草类植物种质资源的收集、保存与评价

我国大规模的草类植物种质资源收集等工作始于改革开放，在国家若干重大项目的支持下，此工作后续取得了可喜的进展。这些项目主要有：1988 年启动的首次全国草原资源普查；2004 年启动的国家科技基础条件平台建设项目专项“牧草植物种质资源整理、整合及共享试点”；2007 年启动的“948”项目“俄罗斯牧草种质资源的引进、评价、鉴定及保存利用”；2017 年启动的国家科技基础资源调查专项“我国南方草地牧草资源调查”等；2018 年农业部启动的各省（自治区、直辖市）草地资源清查等工作，也包含草类植物种质资源的收集。上述工作，对于掌握和收

* 2021 年 6 月，草种业高质量发展学术研讨会上的特邀报告。

集全国草类植物种质资源发挥了重要的作用。与此相适应，我国 1989 年在中国农业科学院草原研究所建立了国家牧草种质资源中期库，1992 年在全国畜牧总站建立了全国牧草种质库，为保存牧草种质资源提供了基本条件。

目前，我国已经成为全世界草类植物种质资源的保存大国，保存数量超过美国，仅次于新西兰。我国草种业目前存在的主要问题是：对已有的种质资源评价少、共享少；对重要牧草尚未建立核心种质库；从遗传到表型特征，从生态到生产特性，仍需进一步深入研究与了解；尚未建立分子鉴定及快速评价、优异基因挖掘等技术体系，限制了宝贵资源充分发挥其应有的作用。

## 二、草类植物育种

我国的草类植物育种起步于 20 世纪 50 年代初，比发达国家晚了半个世纪左右。1987 年和 2019 年，农业部与国家林业和草原局分别成立了全国草品种审定委员会，极大地推动了我国草类植物育种工作的标准化和规范化。

我国的牧草育种目标主要是高产，在已育成的品种中，绝大多数以牧草产量高于对照品种为目标。抗逆性育种方面选育成功的品种较少，主要有抗霜霉病（*Peronospora aestivalis*）的‘中兰 1 号’以及抗蓟马和蚜虫的‘甘农 5 号’‘甘农 9 号’紫花苜蓿（*Medicago sativa*）品种。近年来，国内开始关注抗逆特性和营养成分含量育种工作。截至 2021 年，我国审定通过的草品种 651 个。其中，育成品种占 37.8%，野生驯化品种占 23.3%。

草类植物育种方法以常规育种技术为主，95% 以上的品种均是通过常规选育、杂交等方法获得的。

我国学者从乡土植物中克隆优异基因，将其成功转入豆科牧草，如新疆农业大学张博从骆驼刺（*Alhagi sparsifolia*）和苦马豆（*Sphaerophysa salsula*）中克隆了 3

个耐盐基因，并成功建立了遗传转化体系。我国学者通过转基因育种，获得了 22 个优质、高产的转基因牧草新品系。其中，过表达超旱生无芒隐子草（*Cleistogenes songorica*）*CsLEA*2 和 *CsALDH12A1* 基因的转基因紫花苜蓿，生物量分别提高了 104% 和 85%。过表达紫花苜蓿自身 *MsNTF*2 基因通过降低气孔密度，提高了转基因苜蓿的抗旱能力。

我国科技工作者通过人工接种优异内生真菌菌株，创制了含有内生真菌的青稞（*Hordeum vulgare*）新品系，牧草和种子产量比未接种内生真菌的对照品种分别提高了 45% 和 36%，表现出了巨大的生产潜力。同时，利用内生真菌抗虫、抗旱、耐践踏的特性，选育成功高带菌率的坪用多年生黑麦草（*Lolium perenne*）新品系，其抗病、抗虫及抗非生物逆境等方面的能力均显著提高，已进入全国区域试验。

在草类植物育种方面，存在的主要问题是育成品种数量少。2011—2020 年，我国培育牧草新品种 170 个，其中包括紫花苜蓿品种 33 个，仅相当于美国同期培育品种数的 12.5% 和 4.5%。造成这种巨大差异的原因，固然和我国草类植物育种工作起步晚、积累少有直接的关系，但更重要的是我国企业尚未成为创新主体，在牧草育种方面，我国企业尚未发挥重要作用。

我国与美国品种审定机制存在着差异。美国是登记制，育成品种无须通过国家或州立机构的审定，只需育种者所在单位认可，其衡量品种的关键指标，是在生产中发挥的作用及种植的规模。而我国则是品种审定制，如果采用同样的技术，培育类似的品种，两种制度相比较，我国育成品种后至应用于生产的时间，要比美国长 3 ～ 4 年。

已育成的品种不能满足多区域、多功能的需求。我国通过审定的品种中，缺少用于退化草原改良、高速公路护坡和矿区修复的品种，城乡绿化和运动场草坪建植所需的草坪草品种极度缺乏。

## 三、种子生产

我国自 20 世纪 70 年代开始进行大规模的草种生产，在西北、华北、东北等地区均设有专业的草种繁育场，但改革开放以来，这些草种生产企业大部分转营他业。2000 年，农业部启动牧草种子基地建设项目，在全国建立了一批种子生产基地。目前，我国草种田面积为 10 万 $hm^2$ 左右，年产种子约 10 万 t，生产的主要草种包括紫花苜蓿、老芒麦（*Elymus sibiricus*）、披碱草（*Elymus* spp.）、燕麦（*Avena sativa*）、小黑麦（×*Triticosecale Wittmack*）和箭筈豌豆（*Vicia sativa*）等。

过去 10 年，草种子年进口量呈增加趋势，由 2002 年的 3.76 万 t，增加到 2021 年的 7.16 万 t；近 5 年平均进口量为 5.95 万 t，其中，紫花苜蓿的种子为 2 960 t，其余均为草坪草种子。

可以看出，我国的草种子生产基本能够满足建立一般栽培草地的用种需要，但高质量商品草地的用种和草坪草种子主要依赖进口，进口量约占每年需求量的 1/3。另外，用于大面积生态治理的乡土草种种子田严重不足。

我国对主要牧草，如紫花苜蓿、披碱草、老芒麦、高羊茅等最适生产地域、种子生产技术及牧草生殖生长理论等方面，进行了较为全面、系统的研究。另外，对主要乡土草种如无芒隐子草、白沙蒿（*Artemisia sphaerocephala*）等的繁殖生物学特性和种子生产技术等也开展了持续、系统的研究，有力地推动了草种子生产，也为其他草种的研究奠定了重要基础。

我国草类植物种子生产面临的主要问题是：

（1）单产低。苜蓿种子平均单产仅相当于美国的 47%。在我国甘肃省水热条件优越的河西走廊地区，科学的管理可使种子产量接近美国单产的水平。

（2）种子田面积小。我国专业草种生产田面积远低于世界其他主要草种生产国。

美国仅俄勒冈州禾本科牧草和草坪草种子田就达 20 万 $hm^2$。新西兰草种生产田常年维持在 2.6 万 $hm^2$ 左右，是全球最主要的白三叶草（*Trifolium repens*）种子生产国。

（3）企业产能不足。截至 2018 年，全国从事草种业的公司一共有 64 家，占全国草业相关公司总数的 8.7%，多数是从事种子收购、加工与流通的企业。这些公司生产与销售的主要牧草种子包括披碱草、苜蓿、老芒麦、羊茅（*Festuca* spp.）、早熟禾（*Poa* spp.）等，仅占全国当年种子销售量的 35%，即 65% 左右的种子由农户自产。根据国家林业和草原局“十四五”林业和草原保护发展规划，我国每年需要新增用于治理退化草原的种子 7 万 t，供需缺口巨大。

（4）在大规模种子生产中，缺少专用的种子收获机械，也造成了种子产量的急剧降低。如披碱草、老芒麦等种子落粒性强，用现有农作物收获机械收获，仅能收回实际种子产量的 1/3 左右，造成巨大损失。绝大多数乡土草种的收获与清选依赖人工，未能实现机械化，进一步限制了其产能提升。

（5）缺少政策扶持及成果转化机制，育种和种子生产“两张皮”。生产种子的企业积极性不高，最终造成了“有品种、无种子”的局面。

## 四、草种质量管理

草种质量管理体系内容主要包括：品种审定、新品种权保护、种子检验、种子认证和种子立法等。

我国草品种审定始于 1987 年。1999 年，我国加入了国际植物新品种保护联盟（International Union for the Protection of New Varieties of Plants，UPOV），先后制定了紫花苜蓿、草地早熟禾（*Poa pratensis*）等 20 余种牧草的品种特异性、一致性和稳定性测试指南作为行业标准。

我国草类植物种子质量检测机构始建于 1982 年，在农业部的组织领导下，我国陆续建成了 5 个部级草种子质量监督检验测试中心，分别设在内蒙古自治区农牧厅、兰州大学、新疆畜牧兽医局、中国农业大学和全国畜牧总站。它们在种子质量管理方面，发挥了重要作用。以设在兰州大学的种子质检中心为例，该中心自成立以来，年检种子样品数不断提高，近 5 年平均每年达 1 500 余个，代表种批 18 800 t，覆盖全国生产的草种子市场种批数的 20% 左右。随着种检中心的陆续成立与种子质量管理工作的加强，我国牧草种子合格率由 1990 年的不足 40%，上升到了近 10 年的 80% 左右。

1989 年，我国成为国际种子检验协会（International Seed Testing Association，ISTA）的成员，中国农业大学和兰州大学的种检中心成为国际种子检验协会会员实验室。兰州大学王彦荣教授担任国际种子检验协会发芽和活力委员会的委员，我国的种子科技工作者开始在国际舞台上发挥作用。

在种子质量检测研究方面，我国学者研究提出的红三叶草（*Trifolium pratense*）和紫花苜蓿等小粒豆科种子活力测定方法，已被国际种子检验协会采用。在种子纯度检验方面，研发出多光谱成像法、物理荧光法、分子生物技术法等，用于种子的快速、准确鉴定。

我国的首部《中华人民共和国种子法》于 2000 年颁布，比发达国家晚近 200 年，该法已经过 3 次修正，1 次修订。现行《中华人民共和国种子法》于 2022 年 3 月 1 日起施行，对种质资源保护，品种选育、审定与登记，新品种保护，种子生产经营，种子监督管理，种子进出口和对外合作，扶持措施，法律责任等方面进行了明确规定。

我国草类植物种子检验主要存在的问题是：队伍的规模与能力需进一步扩大与提高，管理机制有待明确，种子认证体系缺失。

## 五、发展我国草种业的若干建议

### （一）进一步加强种质资源的研究

#### 1. 加大草类植物种质资源的收集力度

我国已知草原饲用植物为 246 科 1 545 属 6 704 种，目前已收集入库的种质资源数为 107 科 692 属 2 105 种。收集入库的数量不及已知总数的一半。特别是随着国家工业化、城镇化的进展，有些重要的草类植物种质资源可能在不知不觉中已经消失。因此，加大草类植物种质资源收集、保存和评价的工作力度，已迫在眉睫。

#### 2. 加强种质库建设

需加强现有种质库的建设，明确分工、突出特色。建议国家林业和草原局设立木本饲用植物种质资源库及林间草地牧草植物种质资源库。

#### 3. 加强科学研究

种质资源库不仅仅是保存种质资源的场所，更是开展科学研究的重要平台。开展从基因到生态系统方面的系统研究，应充分利用现代生物技术、信息技术等手段，开展重要功能基因的挖掘、种质资源编码等工作，并加强资源信息共享。

### （二）全面加强草类植物育种工作

#### 1. 加强乡土草驯化栽培

乡土草是指自然生长于当地的植物，主要指草本植物，但也包括小灌木和灌木等，其既可以直接被驯化选育为栽培牧草、草坪草或生态修复用草，又可以在明确抗逆机理的基础上，挖掘利用其优质基因。我国乡土草的相关研究，得到了连续两个国家“973 计划”项目的支持，取得了突出进展，初步形成了乡土草抗逆生物学的理论体系。应进一步加强乡土草的研究和驯化栽培，使其在退化草地修复、高速公路护坡和矿区修复方面发挥重要作用。

2. 加强草坪草育种

我国绿化和运动场草坪用种主要依赖进口，草坪草和草坪的研究以往未纳入国家有关科研计划，并采取多头管理。当前，国家林业和草原局已将草坪草的研究和草坪的建设管理纳入了自身的工作范畴，这是一个很大的进步。建议国家加强对草坪草品种选育和草坪管理的研究，早日扭转对国外草种严重依赖的被动局面。

### （三）启动优质草种生产工程

1. 建立大规模的种子生产基地

在我国西北、华北等适宜种子生产的区域，重点扶持具有发展潜力的龙头企业，实施产学研相结合政策，打造以万公顷为规模的种子生产基地，形成区域产业特色与优势。首先生产我国已有品种，争取短期内扭转“有品种、无种子”的局面。

2. 建立成果转移、转化的有效渠道

需要建立完整的成果转移转化渠道，进行专业化种子扩繁和生产，使已有的优良品种尽快应用于生产。

### （四）进一步完善种子质量管理体系

我国尚缺少种子认证体系，急需实行改革，建立完整的种子认证体系，以便进一步保护新品种权益。在此基础上，可建立育种者效益分成制度，即从销售该品种的收益中，育种者可以提取一定的比例，用于进一步开展科学研究和补偿个人劳动。设立草类植物育种基金，由企业家出资，政府等额配套，专门用于资助相关的科学研究，促进种业发展。

### （五）加强政策支持与保障

1. 提高对草的认识

草地在国家食物安全和生态安全保障中发挥着重要的作用，并且将越来越重要。为提高全民对草地的认识，建议国家适时将“植树造林”调整为“植树种草”。

2. 加强基础研究

我国草类植物研究起步晚、积累少，加之一些重要牧草的繁殖生物学特性复杂，同时，对于主要草种的生物学、生态学、生理学等方面均缺少深入的研究，成为应用现代生物技术开展基因编辑、采取分子设计育种的瓶颈。因此，需要加强对草类植物的基础研究，为进一步应用研究和产业发展提供创新的源泉。

3. 加强人才培养和队伍建设

积极创造条件，为全国高等农林院校本科农业学生开设种业工程等相关课程。争取国家设立草类植物种业工程专业，培养专门人才。应加强研究生育种学、栽培学、种子生产学等方面的专业知识培养，为科技创新提供人力储备。

4. 加大政策支持力度

饲草作物是重要的农作物之一，建议国家将饲草与其他粮食与经济作物同等对待，列入政府种植业和农业用地计划，加强种子生产用地和经费保障，并给予相应的政策与经费支持。扭转全国草种田面积逐渐减少的趋势。

## 作者简介

南志标，男，1951 年生，中国工程院院士，兰州大学草地农业科技学院教授，草业科学家。兼任中国草学会理事长、中国草业发展战略研究中心执行副主任，《草业学报》和 *Grassland Research* 主编。

在退化草地治理、草类植物病害管理和牧草种质资源评价与品种选育研究等方面，取得了一系列创新性成果，并在生产中广泛应用。获国家科学技术进步奖二、三等奖各 1 项。选育牧草新品种 4 个，出版专著 4 部，发表科研论文 300 余篇。获国家教学成果奖特等奖 1 项，是“国家百篇优秀博士毕业论文”指导教师。向中央和省（自治区、直辖市）政府提交的研究报告或政策建议多次获得肯定批复，并被采纳实施。2016 年荣获“全国五一劳动奖章”。

# 黄精——一种潜力巨大且不占农田的新兴优质杂粮

朱玉贤[1]　斯金平[2]

（1. 中国科学院院士、武汉大学高等研究院院长；
2. 浙江农林大学食品与健康学院院长、黄精产业国家创新联盟理事长）

民以食为天，食以安为先。粮食安全一直是人类追求和奋斗的目标。在过去半个世纪中，粮食供应虽然显著增加，但 2019 年全球仍然有近 6.9 亿人遭受饥饿。与 2018 年相比增加 1 000 万，与 5 年前相比增加近 6 000 万；2020 年由于新冠肺炎疫情引发的全球经济衰退，导致饥饿人数至少新增约 8 300 万（《世界粮食安全和营养状况》2020 年度报告）。联合国秘书处经济和社会事务部（United Nations Department of Economic and Social Affairs，UNDESA）发布的《2019 年世界人口展望：重点》报告指出，尽管世界人口增长速度放缓，但预计仍将从目前的 77 亿增加到 2030 年的 85 亿、2050 年的 97 亿，到 21 世纪末可能达到近 110 亿的峰值。人口的增加对未来粮食安全提出新的挑战。其次，水稻、玉米和小麦 3 种作物提供了世界 60% 的粮食摄入量，超过 20 亿人口患有“隐性饥饿”，联合国粮食及农业组织（Food and Agriculture Organization of the United Nations，FAO）2018 年报道，亚太区

＊ 2021 年 5 月，第二届黄精产业发展研讨会暨首届江西（铜鼓）黄精高峰论坛上的主旨报告。本文已在《中国科学：生命科学》2021 年第 51 卷第 11 期正式发表。

域有 4.79 亿营养不良人口，7 720 万 5 岁以下儿童发育迟缓，3 250 万儿童身体瘦弱；国际糖尿病联合会（International Diabetes Federation，IDF）2019 年发布的《全球糖尿病概览》（第 9 版）显示，全球共有 4.63 亿糖尿病患者，中国患者人数位列第一，约 1.164 亿人。因此，粮食生产从满足“吃得饱”向“吃得营养健康”转变成为新的热点，联合国粮食及农业组织正在利用农业生物多样性来确定既多产又有营养的新一代作物，山药、荞麦、南瓜等作物已经受到国际社会高度重视，而黄精更具有其特色和优势。

黄精“以其得坤土之精粹”而得名，始载于我国第一部药学专著《神农本草经》（25—220 年），是传统的食药两用植物，可以代替粮食。现代研究表明，黄精属植物在全球范围内有 60 多种，中国自然分布约 39 种（《中国植物志》*Flora of China* 英文修订版，http://www.iplant.cn/foc），多数具有重要的食用和药用价值。2020 年版《中国药典》中，“黄精”包含了黄精（*Polygonatum sibiricum*）、滇黄精（*P. kingianum*）、多花黄精（*P. cyrtonema*）3 个基源物种，具有补气养阴、健脾、润肺、益肾等功效。黄精根茎具有不含淀粉，富含非淀粉多糖、低聚果糖，多年生，倍性变异大，喜阴，适合亚热带、温带、寒温带林下大规模种植等主要特性，有望成为一种潜力巨大且不占农田的新兴优质杂粮。

## 一、黄精食药同源，自古可以替代粮食

黄精口感好，可长期大量食用，自古可以代粮。《名医别录》（220—450 年）等历代本草著作均记载：黄精久服轻身、延年、不饥。《抱朴子内篇》（317 年）记载：“服黄精仅十年，乃可大得其益耳。”“黄精甘美易食，凶年可以与老小休粮，人不能别之，谓为米脯也。”《食疗本草》（713—741 年）记载“九蒸九曝”“饵黄精，能老不饥。”“其生者，若初服，只可一寸半。渐渐增之，十日不食，能长服之，止三

尺五寸。”“根、叶、花、实，皆可食之。”其后《本草纲目》（1552 年）集历代本草记载：“黄精为服食要药，故《别录》列于草部之首，仙家以为芝草之类，以其得坤土之精粹，故谓之黄精。”“嘉谟曰：根如嫩姜，俗名野生姜。九蒸九曝，可以代粮，又名米脯。”2002 年，黄精被列入卫生部公布的 86 种《既是食品又是药品的物品名单》。

现代研究表明，黄精含有丰富的营养物质和功效成分。黄精根茎多糖、低聚果糖和果糖等含量约占 50%，蛋白质占 11.16% 以上，含有 7 种人体所需的必需氨基酸，味觉氨基酸丰富，口感佳。根茎中还有丰富的甾体、三菇皂昔、黄酮、生物碱类、木脂素类、挥发油类等功效成分，其中以母核为薯蓣皂苷元和亚莫皂苷元的甾体皂苷为主的皂苷类化合物达 110 余种，总含量 3.16% ～ 5.05%；高异黄酮类、二氢黄酮类、查尔酮类、异黄酮类、紫檀烷类等黄酮类化合物，总含量 0.66% ～ 1.91%。黄精具有补气养阴、健脾、润肺、益肾之效，用于脾胃气虚、体倦乏力、胃阴不足、口干食少、肺虚燥咳、劳嗽咳血、精血不足、腰膝酸软、须发早白、内热消渴等病症。

## 二、黄精根茎不含淀粉，富含非淀粉多糖

世界主要粮食作物主要成分均由淀粉组成，如稻米（淀粉含量约 80%）、小麦（淀粉含量 60% ～ 70%）、小米（淀粉含量 59.4% ～ 70.2%）、马铃薯（淀粉含量 70% ～ 85%）。近年来，因高蛋白、低淀粉而闻名的藜麦淀粉含量为 58.1% ～ 64.2%。为了降低餐后血糖和胰岛素应答，有效控制糖尿病病情，抗性淀粉育种成为当前品质改良热点，但育成的粮食作物中抗性淀粉所占比例仍然较低。

碘染法和细胞学观察发现，黄精根茎中不含淀粉 [ 图 1（a）～ 1（c）]，非淀粉多糖、低聚果糖和果糖是其养分主要贮存形式。非淀粉多糖和低聚果糖是世界公认的优质膳食纤维，在人体小肠内不被消化和吸收，对于调节血糖水平效果明显。其

在大肠内主要形成短链脂肪酸，促进结肠、直肠健康细胞形成，降低结肠、直肠癌风险，改善肠道菌群，增加矿物质吸收，增强对有害病原体的免疫力。果糖甜度是蔗糖的 1.2 ～ 1.5 倍，可在人体内代谢产生能量，血糖指数（glucose index，GI）仅为葡萄糖的 1/5，适量服用可显著降低餐后血糖。非淀粉多糖和低聚果糖不仅具有抗性淀粉降低餐后血糖的作用，而且可以通过促进胰岛素分泌和提高胰岛素敏感性调节血糖。此外，黄精多糖还有抗衰老、降血脂、预防动脉粥样硬化、提高和改善记忆、抗肿瘤、调节免疫、抗炎、抗病毒等广泛的作用，但因缺少合适的研究材料，非淀粉多糖和低聚果糖至今没有成为作物品质改良的热点。黄精根茎不含淀粉，富含非淀粉多糖和低聚果糖，种子含有淀粉 [ 图 1（d）～ 1（f）]，为淀粉缺失机制、非淀粉多糖和低聚果糖合成机制研究提供了重要材料。

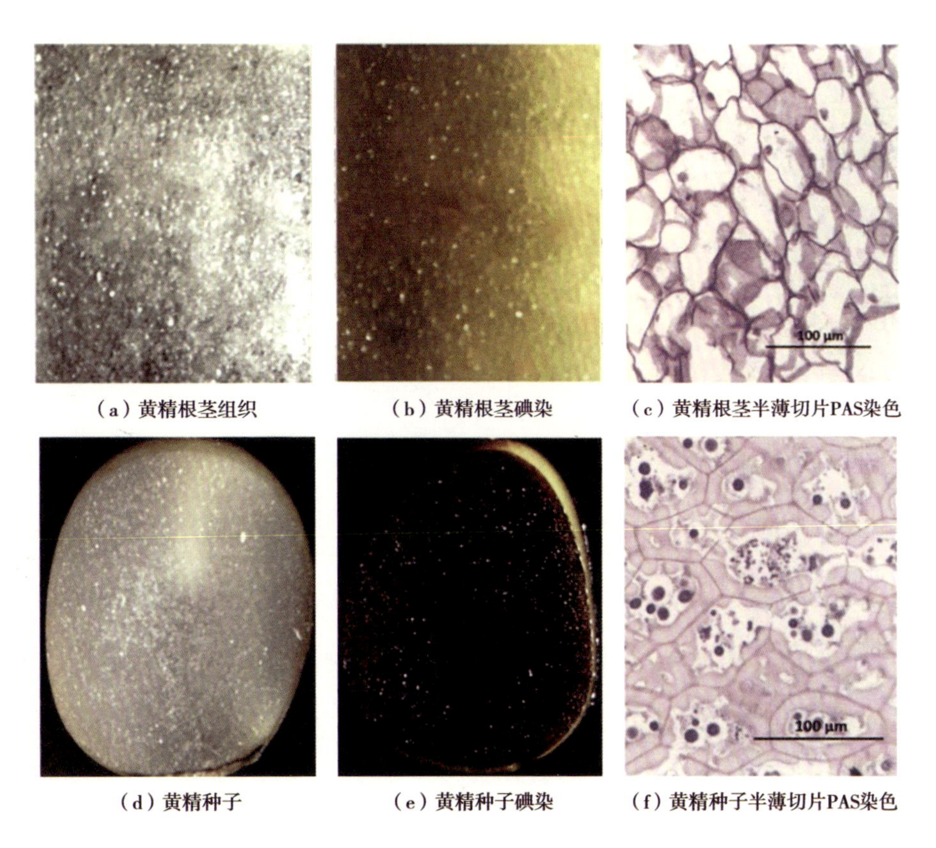

（a）黄精根茎组织　（b）黄精根茎碘染　（c）黄精根茎半薄切片PAS染色

（d）黄精种子　（e）黄精种子碘染　（f）黄精种子半薄切片PAS染色

**图 1　多花黄精种子和根茎碘染实验和细胞学观察**

通过种子和根茎比较转录组分析发现，糖类代谢途径中的显著差异基因主要为蔗糖合酶、果糖激酶、蔗糖转运蛋白及果聚糖合成途径基因（图 2）。其中蔗糖合酶基因在根茎中表达量极低，果聚糖合成途径基因在根茎中均显著上调，因此本文推测，黄精根茎中淀粉消失，是因为蔗糖合酶基因的表达被严重抑制，导致蔗糖不能正常分解为 UDP- 葡萄糖和果糖，从而阻断下游淀粉合成通路的正常运转；而果聚糖合成通路基因的显著上调则表明，蔗糖在根茎中转化为果聚糖和低聚果糖（图 3），其存在于约 15% 的被子植物中，被认为是植物的第三种糖类贮藏形式，特别是在菊科、禾本科、百合科、天门冬科等植物中。上述结果在转录水平初步揭示了淀粉缺失机制。后续通过黄精基因组测序、比较基因组分析深入挖掘黄精根茎淀粉缺失和非淀粉多糖的生物合成机制，明确调控的关键目的基因，可为未来依托基因转化和基因编辑技术对其他粮食作物进行品质改良提供理论依据和物质基础。

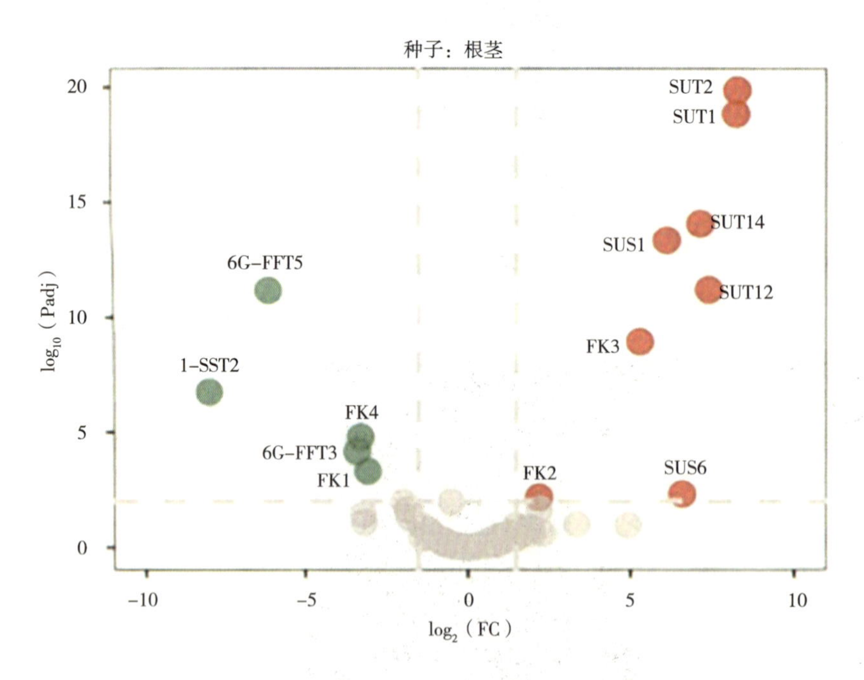


SUT—蔗糖转运蛋白；SUS—蔗糖合酶；FK—果糖激酶；1-SST—蔗糖 1- 果糖基转移酶；6G-FFT—果聚糖 6G- 果糖基转移酶。

**图 2　多花黄精种子和根茎糖类途径显著差异基因**

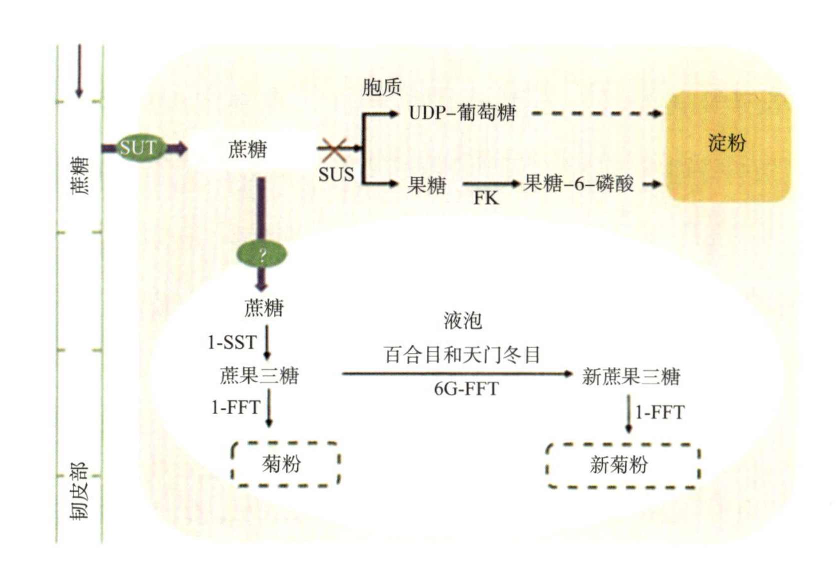


SUT—蔗糖转运蛋白；SUS—蔗糖合酶；FK—果糖激酶；1-FFT—果聚糖 1- 果糖基转移酶；1-SST—蔗糖 1- 果糖基转移酶；6G-FFT—果聚糖 6G- 果糖基转移酶

**图 3　多花黄精根茎糖类生物合成途径**

## 三、黄精林下种植，开辟粮食安全新路径

大约 12 000 年前，人类开始进行作物驯化，超过 2 500 种植物接受过驯化或半驯化成为食物。至今，仅水稻、小麦和玉米等 20 种植物提供了人类消耗的 90% 热量，但它们的营养物质主要为淀粉，不能满足人民群众日益增长的健康需求。因此，近年来野生或半野生植物重新被驯化为新的补充作物获得了极大关注。

黄精属植物适应性强，野生资源在北半球温带地区广泛分布。2020 年版《中国药典》记载的黄精、滇黄精、多花黄精 3 个药食同源物种，基本涵盖了全国适合人工经营的区域，其中黄精产自我国黑龙江、吉林、辽宁、河北、山西、陕西、内蒙古、宁夏、甘肃、河南、山东、安徽海拔 180 ～ 2 800 m 处，国外朝鲜、蒙古和俄罗斯西伯利亚地区也有分布；滇黄精产自广西、贵州、四川、重庆、云南海拔 700 ～ 3 600 m 处，国外越南、缅甸、泰国也有分布；多花黄精产自浙江、福建、江西、安徽、湖南、重庆、贵州、湖北、四川、河南、江苏、广东、广西海拔 200 ～ 2 100 m 处。

黄精自然生长于山地林下、灌丛或山坡阴面，森林中郁闭度为 0.4 ～ 0.6 或遮阴 60% 的透光率条件下生长良好；适合种植在有机质含量丰富、保水和排水性能较好的腐殖质土或沙质壤土中，非常适宜林下栽培。多倍化是作物驯化与改良的重要方向，在生物量、耐逆性、抗病虫性和适应性等方面均具有优势，黄精存在天然多倍化和非整倍化现象，为倍性育种和高效栽培提供了天然材料。黄精属于多年生草本植物，无须每年播种，生长季节长，具有广泛的抗逆性，可做到一次种植永续采收，符合建立多样化的多年生粮食种植体系的现代理念，是实现农业可持续发展的重要手段。黄精林下规范种植，合理经营，每公顷产 1 500 kg 干品；而且黄精根茎可在土中生长和保存多年（图 4），不需良田、不占耕地、不争林地、不要仓储，“藏

（a）杉木林下　（b）松树林下

（c）杂木林下　（d）林下种植多花黄精

图 4　多花黄精林下种植

粮于林下”，是“藏粮于地、藏粮于技”的国家战略的深化。我国林地面积为 31 259 万 $hm^2$（2017 年国家统计局），2 000 万 $hm^2$ 国家储备林（《国家储备林建设规划（2018—2035 年）》）、3 588 万 $hm^2$ 经济林（其中核桃 867 万 $hm^2$、油茶 453 万 $hm^2$）（《2016 年中国国土绿化状况公报》）都非常适合栽培黄精。这将开辟一条保障国家粮食安全、粮食产业转型升级的新路径。如果着眼世界范围，全球许多林地资源均有潜力开发，借助“一带一路”的辐射和推广，“藏粮于林下”的策略可以为全世界，特别是非洲地区，提供解决国际粮食安全的中国方案。

## 四、黄精产业具备千亿级产业潜力

“药食同源”思想源远流长。《黄帝内经 • 太素》载：“空腹食之为食物，患者食之为药物。”《神农本草经》上、中品各 120 种，其中上品药“无毒，多服、久服不伤人”。2016 年，国务院印发的《中医药发展战略规划纲要（2016—2030 年）》提出，要发挥中医药“在治未病中的主导作用、在重大疾病治疗中的协同作用、在疾病康复中的核心作用”。2020 年的新冠肺炎疫情，中医药起到了重要作用，免疫力是最好的医生已经成为共识，强有力地推动了“药食同源”食疗经济的发展。

黄精食药同源，口感好，产品多元化，迎合现代大众健康需求。当今社会快节奏的生活、巨大的工作压力，令许多人都处于亚健康状态，头痛头晕、夜寐不安、心情烦躁、腰酸背痛等阴虚体质、亚健康状态越来越多。黄精作为优质杂粮，已开发出米饭与稀饭伴侣、代餐粉、面条、九制蜜饯、粉丝、馒头、粽子、饼干、月饼、酒、糖（丸）、饮料；作为保健品，已开发出增强免疫力、缓解体力疲劳、辅助降血糖、辅助降血脂、延缓衰老、改善睡眠、辅助改善记忆、增加骨密度、对化学性肝损伤有辅助保护作用、改善营养性贫血、抗氧化等系列保健食品（国家市场监督管理总局特殊食品信息查询平台）。

黄精是糖尿病患者、老年人性价比最高的食疗产品之一。2019 年中国糖尿病患者约 1.164 亿人（全球共有 4.63 亿人），老年人口总数为 1.760 亿人。如果 20% 上述人群每天食用 50 g 黄精，年需制黄精[①] 106.7 万 t（约折干黄精 150 万 t）。开发黄精抗氧化、抗衰老、保肝、增强免疫功能、改善记忆、补肾、不饥、延年等功效特殊医学用途配方食品、辅食营养补充品、运动营养食品，以及其他具有相应国家标准的特殊膳食用食品和保健食品，潜力也十分巨大。此外，黄精除根、茎外，叶、花、实皆可食用，开发辅粮、菜、茶，潜力很大。

黄精林下规模化种植技术基本成熟。利用现有技术，林下规范种植每公顷产 1 500 kg 干品，按现行市场价每千克 75 元计算，每公顷年产值 11.25 万元，可以实现山区群众不砍树也能富，真正实现“绿水青山就是金山银山”。2015 年以来，黄精在浙江、云南、贵州、湖南、江西、安徽、广西、四川、湖北等省（自治区、直辖市）快速发展，一个很重要的原因就是黄精在支撑脱贫致富、乡村振兴中发挥了重要作用。其中，贵州省政府提出打造“环梵净山百亿黄精产业”，湖南省新化县政府提出打造“新化县百亿黄精产业”，浙江省磐安县提出打造“磐安县百亿级黄精产业”。浙江淳安，湖南安化、新晃、洪江，重庆秀山、石柱，江西铜鼓，四川筠连，安徽青阳、金寨，云南普洱、曲靖，贵州印江、六盘水，山东泰安，辽宁抚顺等地的黄精产业规模也迅速发展，发展面积均在万亩[②]以上。如果在 10% 的储备林、5% 的经济林下种植黄精，可生产黄精 569 万 t，种植业产值可达 4 268 亿元。黄精遗传多样性丰富，品种改良和高效栽培潜力巨大。

---

① 这里指的是黄精制品。
② 1 亩≈ 0.066 7 $hm^2$。

## 作者简介

朱玉贤，男，1955年生，中国科学院院士，著名分子生物学家。曾任北京大学蛋白质与植物基因研究国家重点实验室主任，现任武汉大学高等研究院院长，中国植物学会副理事长，农业农村部“国家转基因生物安全委员会”委员，转基因生物新品种培育重大专项总体组技术副总师，教育部大学生物学课程教学指导委员会主任。

斯金平，男，1964年生，二级教授。浙江农林大学食品与健康学院院长，黄精产业国家创新联盟理事长，铁皮石斛产业国家创新联盟理事长，国家林业和草原局铁皮石斛工程技术研究中心主任，国家中医药管理局铁皮石斛品种选育及生态栽培重点研究室主任，国家科技特派员铁皮石斛创业链首席专家，中国林学会林下经济分会副主任委员。

# 我国木材工业创新与发展

**吴义强**

（中国工程院院士，中南林业科技大学党委副书记、教授）

## 一、引　言

森林被称为水库、钱库和粮库，也是陆地生态系统中最大的碳库。木材是森林的重要产物，木材及其制品是森林碳封存的核心载体，是发挥林业碳增汇功能的重要途径。以木材高效综合利用为目标的木材工业，在践行国家绿色发展理念、落实国家“双碳”战略以及满足人们对美好生活需求等方面发挥着重要的作用。

新中国成立后，我国制定了较为完整的工业发展规划体系，木材工业百废待兴，经过 6 个五年发展规划后，已初具规模。改革开放以来，我国木材工业发展迅猛，日趋壮大，发展速度大大超过整个制造业的平均水平，实现了从弱小走向强大、从落后走向先进、从固封国内走向世界舞台、从“赶上时代”到“引领时代”的伟大跨越。我国木材工业正由单纯依赖天然林木材资源、资源综合利用水平低、加工技术与装备落后且自主创新能力不强、单线产能小且效益差、产品品种结构单一、以扩大规模为主的单一发展模式的传统落后产业，发展成以人工林木材资源、竹材与农作物秸秆资源高值高效利用为主，资源利用率高，新技术、新装备不断涌

* 2021 年 12 月，中国工程院国际工程科技战略高端论坛暨第六届黄河论坛上的主题报告。

现，产品结构更为多元，追求规模与效益并举的复合型发展模式的现代绿色低碳产业。

我国木材工业总产值已超过 4 万亿元，形成了以珠三角、长三角、环渤海为主要区域的较为完善的产业集群，成为世界上最大的人造板和木制品生产制造基地。锯材、人造板和木制品等各类产品，在家具地板、装饰装修、建筑结构、交通工程等社会经济和民生领域广泛应用。虽然取得了长足的进步，但相比其他产业以及国外木材工业，我国木材工业在创新能力、装备水平、产品结构、企业规模、产业聚集等方面仍然存在一些亟待突破与解决的问题。在新的历史时期，加快发展我国木材工业，推动其向绿色化、高端化、智能化、集约化方向转型升级，对于保障我国木材安全、助力乡村振兴与落实国家“双碳”战略，具有重大现实意义。

## 二、我国木材工业的历史变革与创新

### （一）我国木材工业的奠基与起步

#### 1. 战火纷飞中的艰难奠基

20 世纪初到新中国成立前，我国木材工业已有雏形。实木加工由传统手工加工逐步进入半机械化、低水平机械化加工时代，逐步引入带锯机、框锯机、大圆锯机、排锯机等简易制材设备，厂房简陋，生产作业是单机分散操作，原木进给和半成品、成品运输几乎全部依靠人工，生产方式落后，劳动强度大。产品以锯材为主，多未经过干燥和防腐处理。上海日晖港木材厂引进的顶风机纵轴周期式蒸汽干燥窑，对提高当时木材和木制品加工质量起到了积极作用。以血胶胶合板、豆粉胶胶合板为主的胶合板生产技术相继出现，揭开了我国人造板工业初步发展的帷幕。简易木制品加工机械设备的引进和利用，推动了家具木制品作坊式手工作业的变革。国外技术与设备的引进，为我国木材工业奠定了原始基础。

2. 百废待兴中的蹒跚起步

新中国成立后到改革开放前，我国木材工业进入国外引进与自主初步探索研发阶段，木材工业逐步兴起。第一个五年计划期间，制材工业优先得到发展。新中国成立初期，我国只能生产圆锯机；1952 年，已开始生产带锯机；1954 年，全国锯材年产量由 1950 年的 344 万 $m^3$ 增加到 760 万 $m^3$。20 世纪 60 年代中期，我国从日本引进了 60 英寸[①] 跑车大带锯，有效推动了我国跑车带锯技术的进步。各企业先后开展技术改造，液压、气压、弱电技术在制材工业规模化应用，推动原木进车间、上楞台、上跑车等工序实现机械化。70 年代末到 80 年代初，我国对跑车带锯摇摆尺电机制动和修锯工作做了大量研究，先后研制成功了带锯锯齿强化设备、自动整料机、万能磨锯机、带锯磨锯机、自动开齿机、带锯条闪光对接机、电容磁制动器、圆锯片开孔开槽机等设备，并进行了推广应用。上海人造板机械厂、信阳木工机械厂、西北人造板机械厂等企业采用国外引进的技术资料，在模仿和再创新基础上开始生产木工机床和人造板装备等，推动了我国木材工业的起步。

胶合板是我国人造板三大主体产品中最先发展的产品。20 世纪 50 年代，我国先后从欧洲国家和日本等引进了单卡轴旋切机、辊筒与网带干燥机、热压机、表板横拼机等设备。单板旋切是胶合板制造的基础，单卡轴旋切机由于存在卡芯，胶合板制造多以大径级木材为原料，资源浪费严重。胶合板产量由 1953 年的 3.54 万 $m^3$ 增加到 1978 年的 24.21 万 $m^3$。

纤维板产业起步晚于胶合板，该阶段纤维板生产主要以湿法纤维板为主。1958 年，我国从瑞典引进了年产 18 000 t 的湿法纤维板设备，在消化、吸收基础上，我国相继成功研发了年产 2 000 t 的“六六”型、“七六”型和年产 5 000 t、7 000 t 的湿法纤维板生产设备。期间，还探索了干法、半干法和中密度纤维板的制造技术与设备

① 1 英寸 = 2.54 cm。

开发。总体来说，该阶段我国纤维板生产技术落后，设备能耗高、精度低，技术装备水平发展缓慢。纤维板产量由 1958 年的 0.03 万 $m^3$ 增加到 1978 年的 32.88 万 $m^3$。

刨花板产业起步最晚。第二个五年计划期间（1958—1962 年），仅生产了 4 700 $m^3$ 刨花板，且主要以豆粉胶为胶黏剂。60 年代初期，挤压法和平压法刨花板生产线的引入，逐步带动刨花板工业的发展。70 年代末，全国各地仿照北京市木材厂即将淘汰的年产 8 000 $m^3$ 平压刨花板生产线，利用国产设备建成了一大批刨花板车间，但是可投产的企业仅有 10 多家，且生产能力、产品质量远未达到正常产品要求，国产刨花板的发展举步维艰，产量仅从 1963 年的 1.3 万 $m^3$ 增加到 1978 年的 4.36 万 $m^3$。

整体而言，我国木材工业发展缓慢，至 20 世纪 80 年代初期，我国木材工业仍较为落后。木材加工利用主要是将实木加工成锯材、枕木、坑木、电杆和制造传统家具，人造板年产量不足 100 万 $m^3$，且主要以胶合板、湿法纤维板为主。木制品生产规模小、制造水平低、生产装备落后、产品品种少，如家具主要为框架式家具，其开槽、开榫、打眼等几乎依靠人工完成。

### （二）我国木材工业的发展与壮大

#### 1. 改革浪潮中的快速发展

20 世纪 80 年代初期至 2000 年前后，我国木材工业处于大量引进与吸收再创新阶段，技术与装备快速发展，产业形态从集体、国营企业为主发展到民营、三资企业、国有企业兼具，产业布局从集中在大城市、林区发展到长三角地区、珠三角地区、环渤海地区等区域，产品种类从锯材、传统木质人造板、传统框架式家具等为主发展到非木质人造板、竹材人造板、新式实木家具、板式家具以及其他木制品等。

（1）木材与木制品加工技术与装备快速起步

这一时期，国家有计划、有重点地对木材工业进行了技术更新和设备改造。从欧洲、日本等发达国家引进了许多先进的生产线以及部分主要单机设备的制造技术。

在仿制、自行设计制造以及与国际合作生产的基础上，我国木材加工整体技术水平显著提高，木材和木制品加工进入机械化时代，部分稍具规模的家具和木制品加工企业甚至进入了信息化、数控加工时代，板式家具、盒式家具、拆装式家具和待装式家具等逐步兴起。木材深加工技术开始起步，木材干燥技术与干燥设备需求日渐突出，干燥在木材和木制品加工中的作用愈发受到重视，不经干燥、刨光、包装的加工方式逐步遭到淘汰。木材改性和防护理论与技术体系尚未成熟：木材防腐处理主要针对枕木锯材，其产量呈逐年递减趋势，杂酚油、铜铬砷（CCA）等防腐剂污染问题日趋受到关注；木材和木制品的阻燃处理受到关注，但无论是数量还是质量都存在较多问题，阻燃效果远未达到公共场所的使用要求。1997 年，国内开始建厂生产强化木地板、强化地板、实木地板、实木复合地板等，木制品加工技术快速发展。

（2）木质人造板技术的消化吸收与创新

随着木材需求量的突飞猛进，我国木材原料结构发生了重大变化，从传统天然林区木材、大径级木材为主逐渐向人工林、速生林和小径材、间伐材转变。原料结构和市场需求变化，推动了我国人造板技术和装备的革新。

以胶合板为例，液压双卡轴旋切机的引进虽然一定程度解决了单卡轴旋切机旋切后剩余木芯直径较大的问题，但当木段旋切到一定直径后，刀体和压尺的共同作用仍会导致木段出现弯曲，或是卡头与木段相接触处木材出现劈裂现象而不能正确旋切，剩余木芯直径仍然较大。为解决上述问题，我国自主研发了固定旋刀双辊驱动式无卡轴旋切机、移动旋刀 3 辊驱动式无卡轴旋切机，大大拓展了原料适用性，提高了单板出材率，填补了小径木和木芯旋切单板的国际空白。

纤维板也逐步从湿法硬质纤维板发展到中密度纤维板（MDF）。20 世纪 80 年代初，我国引进了 MDF 生产线，年生产能力 5 万 $m^3$，但长期处于试生产阶段，经多年调试后才逐步掌握其生产技术。进入 90 年代，我国中密度纤维板发展迅速，生产线引进和国产化同步进行，国产生产线成本仅为同类进口设备的 10% ～ 15%，制造成本大幅降低。2000 年，我国成为世界第二大纤维板生产国，纤维板总产量达 514 万 $m^3$，但生产技术水平和管理水平与世界先进水平均有较大差距，技术开发能力匮乏、产品甲醛释放量大、厚度偏差大、吸水厚度膨胀率大等问题突出。截至 2001 年年底，全国获得生产许可证的企业仅有 38 家。

在消化吸收国外技术装备基础上，我国完成了用于刨花板生产的鼓式削片机、高速拌胶机、转子式干燥机、铺装机（气流、机械、混合）等技术与装备的国产化。1995 年，全国刨花板产量达到创纪录的 435 万 $m^3$，超过纤维板产量，仅次于胶合板。但随后产量急剧下降，2000 年产量减少到 286 万 $m^3$，其主要原因是刨花板生产技术仍然较为落后，产品质量差，受进口刨花板冲击严重。截至 2001 年年底，全国获得生产许可证的企业仅有 23 家。

（3）非木材原料人造板的创新发展

进入 20 世纪 80 年代，竹材人造板工业在研究与产业化应用方面发展较快，逐步成为木材工业的新兴发展方向，技术与装备均处于世界领先水平。主要产品有竹胶合板、竹篾层积板、竹地板、覆膜高强竹胶板等。其中，覆膜高强竹胶板可广泛应用于大型桥梁、立交桥、高架桥等要求混凝土一次浇灌成型的重大建筑工程，被誉为国内质量最佳的清水混凝土模板，周转次数可达 30 次以上，是 20 世纪 90 年代竹材工业的标志性产品。但是，该阶段竹材人造板产品同样存在原料利用率低（仅 20% ～ 50%）、生产能耗高、生产效率低、产品结构单一、产品质量不佳等问题。

秸秆人造板也在这一时期开始发展。我国农作物秸秆人造板的研究和产业化主要经历了稻壳、蔗渣、亚麻屑、棉秆、玉米秆、高粱秆人造板等，并最终将重点聚焦到麦秆和稻秆上，生产以异氰酸酯为胶黏剂的有机麦秸刨花板和有机稻秸刨花板。相关技术与生产线核心装备主要从芬兰 SUNDS、英国 STRAMIT、德国

Siempelkamp 等公司引进，缺乏国产核心装备。20 世纪 80 年代中期至 90 年代中期，全国各省（自治区、直辖市）有近百家各种原料类型的中小型秸秆人造板生产企业，年生产能力约 50 万 t，推动了我国农作物秸秆及其加工剩余物制备人造板的发展，并积累了丰富的经验教训。90 年代中期到 21 世纪初，南京林业大学、中国林业科学研究院和河南信阳木工机械股份有限公司合作开发了国产秸秆有机人造板制造技术和自动化成套装备生产线，中南林业科技大学与河南中昊机械设备制造有限公司联合开发了国产秸秆无机人造板制造技术和自动化成套装备生产线，两种秸秆人造板均形成了规模化生产。自此，秸秆人造板发展进入快速发展期。

**2. 融入全球中的转型壮大**

2000 年到 2010 年前后，是我国加入世界贸易组织后快速发展的 10 年，经济社会发展取得显著成就。我国木材工业抓住“入世”效应、全球制造业转移加快等机遇，加快结构调整转型升级，技术装备水平和产品质量不断提高，企业规模不断扩大，产品品种不断增加，标准体系也不断完善，促进了木材工业由传统工业向现代工业转变。

（1）资源利用向多元化、高效化转型

进入 21 世纪，我国木材工业原料供应不足局面愈加严重，木材缺口进一步加大，产业发展受到严重制约。加快人工林、速生林木材资源与竹材、秸秆等非木材资源的高质高效利用，成为我国木材工业发展的重要战略性选择之一。

为解决人工林木材材性差、应用受限等问题，木材浸渍密实、压缩密实等木材增强改性技术快速兴起，并在家具制品中试点产业化应用。竹木复合理论与技术、竹束重组、竹片重组、弧形竹片原态重组、整竹单板化展平、刨切微薄竹等技术取得重大突破，显著提高了竹材利用率，推动竹材工业快速发展，为缓解我国木材资源供需矛盾作出重要贡献。秸秆界面物理 / 化学联合调控、高强胶合等技术取得重大突破，推动秸秆代木制造人造板向产业化进一步迈进。这些科技攻关与技术突破，推动了我国木材工业原料利用进一步向多元化、高效化方向发展。

（2）制造技术向低碳化、清洁化转型

“十五”中期，我国单位工业总产值综合能耗是世界平均水平的3.1倍，是日本的9倍。落实科学发展观，推动节能减排，实施清洁生产，逐步成为政府和社会关注的焦点。进入“十一五”期间，我国木材工业开始关注单工序节能改造，以及废水、废气、废渣和噪声等污染的清洁处理。例如，木材干燥领域开始推行热泵除湿节能干燥、太阳能干燥、高效快速特种干燥等干燥技术与常规干燥的联用技术，以及节能干燥工艺智能控制技术与核心部件的研发等。木材防腐处理的防腐剂排放和污染问题，木材干燥与木制品涂饰产生的有机挥发物污染、人造板生产的粉尘、游离甲醛污染等问题开始引起行业重视。但整体上，“十一五”期间我国木材工业仍然处于高污染、高能耗、高排放局面。

（3）装备水平向连续化、数字化转型

经历了引进、消化、仿造、创新等多个发展阶段，我国木材工业装备水平有了长足进步，并不断朝着提高木材利用率、加工精度和生产效率等方向发展。木材、竹材制材加工工序的连续化、缺陷识别与检测系统等方面有了一定程度提高，逐步从人工结合单机操作向连续化、数控化方向发展。木质人造板连续压机生产线、连续辊压生产线、58英寸热磨机、规格锯等核心装备取得国产化突破。定制家具制造开始起步，木制品加工数控技术与装备数控率逐步提高，机械化、连续化、信息化、数字化程度不断提升。但是，木材工业加工装备水平与国外仍有较大差距。

（4）产品性能向绿色化、功能化转型

在国内外市场需求驱动下，防腐、阻燃、炭化、增强、染色等功能化锯材与木制品快速发展，产品从过去单一的铁路工程、通信工程发展到木结构工程、户外家具、室内高端装饰装修等领域。受国际贸易影响，如 2004 年美国不允许经铜铬砷处理的木材及其制品用于住宅部件，因而木材防腐、染色等技术逐步向无重金属化合物、无污染物、无挥发物的绿色方向转型。低醛化、无醛化人造板概念慢慢兴起，推动了植物蛋白基无醛胶黏剂、淀粉基无醛胶黏剂、木质素基无醛胶黏剂、单宁胶黏剂、无机无醛胶黏剂等绿色胶黏剂人造板产品的研究、创新与产业化探索。

（5）标准体系向全面化、国际化转型

标准化程度是一个行业、一个国家发展水平的重要标志，尤其是国际标准的建设程度。我国木材工业标准建设起步于 20 世纪 90 年代，到 2010 年左右，已形成较为全面的木材、人造板和生物质复合材料等标准体系，但仍然不够完善。整体上，这个阶段我国木材工业的国际标准匮乏，国际话语权弱，“十一五”中后期主导的国际标准仅为个位数，原有标准体系完善以及标准朝着“走向国际、提质增效、绿色发展”，成为我国木材工业标准体系建设的重要趋势。

“十五”“十一五”期间，我国木材工业在融入全球化竞争中，取得了长足的进步，产业逐步由小变大。但是，整个产业仍然存在原料较为单一、生成能耗高、污染重、核心装备缺失、产品功能单一、标准体系不完善、企业规模偏小、产业集约化低等问题，各领域的结构调整与转型刚刚起步。

**（三）我国木材工业的开拓与创新**

“十二五”以来，我国木材工业在市场倒逼、政策牵引等因素作用下，产业结构调整与转型升级全面展开，开拓和创新持续推进，进一步向节材、绿色、低碳、智能化方向发展，木材工业由大逐渐变强。

1. 基础理论研究不断深入

（1）木材细胞壁形成与结构解译

在国家“973 计划”、国家自然科学基金重大项目、“十三五”重点研发计划等重大项目持续资助下，我国在木材生物形成与细胞壁主成分堆积、木材细胞壁结构解译与精准解离、木材次生细胞壁中聚集体薄层精准剥离与修饰机制等方面取得了重大突破，推动木材细胞壁研究进入了分子时代。

（2）木材功能性改良

木材多尺度细胞修饰与材质功能改良理论、木质材料阻燃抑烟功能叠加耦合理论、复合材料界面调控理论等理论机制突破，推动了我国木材超疏水、光催化、自修复、自清洁、电磁屏蔽等仿生功能化前沿新技术的孕育发展，并为木材增强提质、阻燃抑烟、防腐防霉、防水防潮等功能化改性应用研究提供了重要理论支撑。

（3）环保节能理论基础

木材工业用胶黏剂多元杂化共聚理论、绿色仿生胶合理论、醛类胶黏剂游离甲醛催化转化降解消解机制、游离甲醛捕捉锚定机制、木质细胞瞬间皱缩及最大瞬间皱缩、节能干燥与热压成型等基础理论研究深入与突破，为我国木材工业绿色低碳制造技术与装备研发提供了重要理论支撑。

**2. 加工制造技术不断提高**

（1）节材制造技术

木材单板旋切、单板刨切、单板条无齿圆锯片切削等无屑切削技术进一步优化提升，大径材智能少屑、无屑加工技术仍然有待提高和突破。液力切削、振动切削、激光切削、加热导线切削、超高频电磁辐射切削等无屑加工技术为大径级珍贵材的智能无屑加工提供了重要借鉴。竹材初加工数控化技术，木竹材无损检测、智能识别与分等技术，家具、木制品智能加工等技术快速发展，轻质高强刨花板、超薄高密度纤维板制造技术快速兴起，其中超薄型纤维板制造技术处于世界领先水平，木材工业节材制造技术取得不断发展。

（2）绿色制造技术

甲醛污染、生产过程“三废”排放是我国木材工业的主要污染源。“十二五”至今，木制品与家具水性涂装、绿色涂装技术不断推广应用，挥发性有机物（VOCs）污染治理成效显著；绿色环保胶黏剂制备技术不断取得突破，醛类胶黏剂多元杂化交联技术、三聚氰胺－脲醛树脂共缩聚技术、甲醛活化与脲醛树脂结构调控技术、淀粉－脲醛树脂共缩聚技术、羟甲基化木质素－酚醛树脂共混技术、双组分豆粕胶黏剂制备技术、大豆蛋白胶均质化改性技术、无机胶黏剂创制技术、单宁胶黏剂制备技术、热塑性树脂胶膜制备技术等技术创新以及异氰酸酯（MDI）、水基乙烯基（EPI）聚氨酯类胶黏剂广泛应用，引领产业向绿色方向转型升级，推动了人造板甲醛释放限量最严国家标准的出台。生产过程中的粉尘、尾气等污染物的水幕沉降、静电吸附、等离子体消解、冷凝回收等多级处理清洁生产技术，实现了生产过程污染物减排率大幅降低，木材工业绿色制造技术水平再上新高。

（3）低碳制造技术

木材闭式循环－微压自排－余热冷凝回收过热蒸汽干燥技术、过热蒸汽－高温绿色节能干燥技术、汽蒸处理节能干燥技术、单板太阳能－储能－辅热协同干燥技术、纤维与刨花烟气干燥技术的提升与创新，显著降低了木材工业的干燥能耗。纤维化学机械协同拆解绿色解离技术、板坯自加热成型技术、板坯连续平压喷蒸预热技术、板坯连续平压反向温度场快构技术、超大幅面单层热压与无间歇切换连续热压节能技术等单工序节能技术，以及多工序协同节能智控技术的研发与突破，推动了我国木材工业生产能耗显著降低，逐步实现低碳制造。

（4）智能制造技术

单板横拼、单板纵接等单板整张化技术发展快速，单板自动组坯技术、单面淋胶、雾化喷胶技术持续受到关注，单板连续化平压生产技术研发持续推进，推动胶合板生产的自动化和连续化水平显著改善，并朝着智能化方向努力发展。木竹制品规模化定制敏捷制造技术、基于家具木制品定制的资源规划与制造执行智能系统实时管控技术、大规模定制整体衣柜智能制造管理系统、智能化整体定制家居集成技术、木质家居产品柔性制造技术、定制家居产品三维参数化设计与虚拟展示技术、定制家居产品柔性制造与智能分拣技术等家具家居智能制造技术取得重大突破，推动我国家具、家居制造从大规模定制、柔性化制造向智能化制造方向快速发展。

**3. 制造装备水平持续跃升**

木材数控化、智能化制材加工装备、竹材破碎－分级－粗铣连续化装备不断取得突破和规模化应用。胶合板高速智能无卡轴单板旋切机、单板整张化生产线、单板连续化生产线建设取得不断突破。0.8 mm 厚超薄纤维板生产装备研发取得突破，连续平压超薄纤维板装备与生产线处于世界领先水平。盘式长材刨片、旋切法刨花制备装备在定向刨花板（OSB）生产中得到进一步应用，大刨花制备技术与装备在高强刨花板生产中得到应用，国产长材刨片机产能和技术水平进一步提升。纤维板和刨花板节蜡装置研发成功并推广应用，连续平压生产线信息物理系统（CPS）不断升级，连续平压火灾防护系统得到大规模应用。纤维板和刨花板砂锯运行速度取得突破，达到 150 m/min，自动分拣打包生产线开始规模应用，"砂、锯、拣、包"智能一体化生产线取得突破。秸秆无机人造板成套核心装备——破碎分选一体化装备、环式雾化－气流涡旋－机械抛撒联合施胶装备、多级钻石辊分级布料铺装与连续预压一体化装备等取得重大突破。大数据、云计算、互联网、物联网等信息化、智能化技术推动家具工业 4.0 智能化生产线快速布局。整体上，我国木材工业装备水平持续跃升，装备水平由人工、半机械化、半自动化、低端机械化向机械化、自动化、数控化、智能化发展，为产业转型升级与创新发展提供了核心支撑。

4. 产品功能应用不断拓展

通过创制 FRW、NSCFR、锡掺杂硅镁硼、锌掺杂磷氮硼等系列高效阻燃剂，研发高渗透、高防治效率水性防霉剂，攻克固－液－气多相立体屏障阻燃抑烟协同技术，交联、桥联与互穿网络憎水调控防潮防水技术、绿色长效防霉防腐技术、全通透染色技术、木塑复合改性多层共挤成型技术等，开发了具有阻燃、防潮、防水、防霉、防腐、染色、增强、耐老化等功能的木制品与人造板产品。例如，本团队与企业研发的木材快速立体、全通透改性技术，在产业化应用中实现了无尺度限制、全通透多功能一体化改性处理，开发了大规格尺度的实体功能改性木材，产品可广泛应用于建筑结构、家具装饰等领域，取得了木材功能性改良领域的重大突破。

通过竹缠复合技术突破，开发了具有完全自主知识产权的竹材新产品——竹缠绕复合管道，在竹质仓储罐、城市综合管廊、装配式房屋、交通工具壳体、军工产品等领域表现出较大的潜力。开发了绿色秸秆无机人造板，产品可广泛应用于家具、室内装修、装备式建筑结构、墙体材料等领域。秸秆无机人造板、秸秆有机人造板、芦苇人造板等产品丰富了我国人造板产品结构。

5. 先进功能材料日益创新

随着纳米技术及其他先进技术的发展，突破木材在实际应用上的局限性，以自上而下或自下而上策略制备先进功能基木质材料成为近年来的热点。基于实体木材创制的木基海水蒸发器、透明木材、超强木材、辐射制冷木材，利用木材三维遗态结构开发的木材海绵基智能传感材料、木材海绵基油水分离材料、新型木质基电催化析氧析氢材料，以木质纤维素为主研发的吸附、催化转化等各类功能的木质纤维素气凝胶材料，基于木材碳量子点的光致发光材料等，在污水处理、海水淡化、节能建筑、储能元件以及电子器件等领域表现出巨大的应用潜力。

6. 标准规范体系日渐完善

标准完善、修订、制定工作更加活跃，标准体系基本建成，现有木材工业国家和行业标准约 440 项，团体标准 136 项。标准国际化工作更加受到重视，2014—2019 年，主导制修订人造板国际标准 3 项，参与制修订国际标准 8 项，已承担并完成 14 项国家标准和林业标准的外文版翻译项目。2021 年，《木材与木制品碳储量计算方法》《木材与木制品碳含量测定方法》2 项团体标准获批立项，为我国木材和木制品碳储量计算提供了标准支撑，对实现木材工业助力“双碳”战略具有重要意义。

总而言之，“十二五”“十三五”期间，我国木材工业在全面转型升级中不断做大做强，产业逐步由大变强。生产原料更为多元，绿色低碳制造技术逐步成形，核心装备水平不断突破，单线生产能力不断提高，落后产能大幅淘汰，生成能耗和污染显著降低，产品结构更加多元，标准体系更加完善。

## 三、我国木材工业展望

### （一）构筑一批基础理论

解译木材细胞壁生物形成与主成分堆积调控、木材细胞壁聚集体薄层结构解译、木材细胞壁精准微纳解离与纤维表面定向修饰机制，构建木材绿色胶合、仿生胶合、无胶胶合，木材及其制品功能化修饰与改性，木材及其制品生产制造节能降耗等理论体系。

### （二）攻克一批关键技术

重点攻克原料节材加工新技术，非木材原料智能化高效采运与收储运技术，胶合板、竹质工程材连续化制造技术，大尺度工程结构材连续无限接长、大幅面平面胶合与曲面胶合技术，无醛胶黏剂创制与人造板绿色胶合技术，木竹材绿色长效防护技术，人造板智能联控低碳加工技术，家具、木制品增材制造、柔性制造与智能制造技术，等等。

### （三）突破一批核心装备

重点突破竹材、农作物秸秆原料高效采伐、运输与收储装备，木材制材装备数控智能上下料及分选装置，木质胶合板、竹质工程材连续化生产线与核心装备，板式家具“工业 4.0”智能生产线，实木家具智能制造控制系统，全自动、智能、立体喷涂机器人及其集成系统与生产线，等等。

### （四）制定一批标准规范

持续关注木材工业出现的新技术、新产品、新装备和新业态，加强国家标准、行业标准、地方标准、团体标准等标准修订与制定工作，重点加强国际标准制定与修订工作，引导推动产业融入产品国际贸易规则制定，争取国际话语权。加强碳汇、碳交易、碳足迹、碳标签、产品绿色认证等领域的相关标准、规范与体系建设。

### （五）打造一批标杆企业

引导企业差异化特色发展，布局大型跨国企业集团，发展壮大高新技术企业，加快支持引导企业数字化改造、智能化升级，围绕“双碳”战略推动产业绿色发展，建设一批国家级绿色工厂，打造一批标杆性企业，提升我国木材工业国际竞争力。

### （六）催生一批新兴产业

重点推进装配式现代木结构建筑等现代木结构产业，加大交叉层积材（CLT）、单板层积材（LVL）等结构材的研发与应用，加快现代木结构设计理论、技术装备、标准体系、认证体系建设等。加快推进轻质高强木材、相变储能木材、光热管理木材、磁性定向木材、智能仿生木材和木材碳量子点等高附加值先进功能材料的产业化培育与壮大。加快木材碳汇产业的形成与推广，构建与国际接轨的木材碳汇平台，推进碳交易、碳足迹追踪认证、碳排放核算、碳标签制度建设、低碳产品认证等。

## 作者简介

吴义强，男，1967年生，中国工程院院士，国际木材科学院院士。现任中南林业科技大学党委副书记，湖南省科学技术协会副主席，农林生物质绿色加工技术国家地方联合工程研究中心主任，木竹资源高效利用教育部省部共建协同创新中心主任，国务院学位委员会林业工程学科评议组成员，教育部林业工程教学指导委员会副主任委员。主要从事木竹、秸秆资源高效利用与人造板绿色低碳制造领域的研究与产业化工作。获国家科学技术进步奖二等奖2项、国家教学成果奖二等奖1项、全国创新争先奖1项、省部级科学技术进步奖一等奖6项。发表学术论文300余篇，授权国内外发明专利65件，出版中、英文专著8部。

# 第二篇

## 特邀
## 学术报告

# 加快建设高质量林草标准化体系

郝育军

（国家林业和草原局科学技术司司长）

目前，标准已经成为与战略、规划、政策同等重要的国家治理手段，是保障社会有序运行的重要工具，是科学技术进步成果的重要体现，是提升质量引领发展的重要法宝，是国际综合实力竞争的重要内容。党中央、国务院将标准化工作提升为国家战略，相继制定了《国家标准化体系建设发展规划（2016—2020 年）》《深化标准化工作改革方案》，国家颁布实施了新《中华人民共和国标准化法》，更加有力地推进标准化工作。习近平总书记就标准化工作作出一系列重要批示指示，强调中国将积极实施标准化战略，以标准助力创新发展、协调发展、绿色发展、开放发展、共享发展，为标准化事业发展提供了根本遵循，指明了前进方向，注入了强劲动力。

标准化工作直接影响着生态建设质量、资源节约利用水平，关系着我国林草事业高质量发展和生态文明建设大局，关系着地球母亲的健康和安全。新一轮机构改革之后，我国林草事业的内涵外延、任务目标、措施要求等都已经发生深刻历史性变化。统筹“山水林田湖草沙”系统治理、践行“绿水青山就是金山银山”理念、推动生态文明和美丽中国建设，都对林草事业以及标准化工作提出了新的更高要求。

---

* 2021 年 10 月，第二届全国林业和草原信息标准化技术委员会成立大会暨 2021 年标委会工作会议上的特邀报告。

国家林业和草原局党组高度重视林草标准化工作，始终把标准化工作摆在突出位置，成立标准化工作领导小组，明确要求进一步深化认识，加强领导，优化管理，提升质量，健全体系，注重应用，强化国际合作，努力用科学一流的标准引领林业和草原现代化建设，林草标准化事业发展取得长足发展。

进入新阶段，面对新要求，林草标准化工作必须在过去奠定的坚实基础上，强化新作为，取得新突破，实现新发展。中华人民共和国成立70年以来，我国标准化事业历经改革开放前的“起步探索期”、从改革开放到党的十八大的“开放发展期”、党的十八大以来的“全面提升期”三个发展阶段。相对而言，林草标准化工作还处于一个较低层次的发展建设期，林草标准体系尚不健全，与生产建设需求联系紧密度不够，技术支撑能力还不足，标准“小散乱”的现象依然存在，标准实施应用力度尚待强化，与当前新形势新要求相比还有较大差距。如果把当前的发展层次界定为1.0版的话，现在就要努力追求实现林草标准化2.0版。这个2.0版是在习近平生态文明思想指导下，依据并服务于国家林业和草原局所肩负职能职责而建立的一个内容健全、质量优良、科学一流的标准化体系，它应有着一套比较成熟定型的制度体系，有一套全面科学合理的标准体系，有一个健全有力的组织管理体系，有一个科学专业的技术支撑体系，是一个能够有力引领和推动林草事业高质量发展的综合体系。

积极构建2.0版高质量林草标准化体系，是“十四五”时期林草事业的一项重要课题，也是一项重要任务。林草标准化工作要始终坚持深化标准化改革的正确方向，坚持“制定标准是为了用”的工作理念，坚持“开门办标准”的原则要求，坚持“系统设计协调推进”的重要方法，坚持强化“标准应用评估”的实践反馈，坚持贯彻“标准走出去”的战略安排，坚持以科学一流标准引领林草事业高质量发展和现代化建设的目标追求，紧紧抓住“控数量、提质量、强应用、重服务”四个关键，不断提升林草标准化工作水平，争取在“十四五”末建成高质量林草标准化体系。

## 一、树立“制定标准是为了用”的工作理念

制定标准根本是为了服务实践，既要发挥好引领作用，又要发挥好约束作用。要把“制定标准是为了用”作为开展标准化工作的出发点和落脚点。一要“有用”。标准立项首先要看有没有用，严格把好这第一道关口。没用或用处不大，就不要制定。现在没用但将来有用，一般也不要制定，待将来需要时再制定。有用还要看适用性广不广，适用性不广的一般也不要制定。有用且急需的，要加快制定。要增强主动性、敏锐性，根据林草部门新职能新业态，及时研究制定或修订草原、自然保护地、国家公园、生态旅游等标准，在意识和行动上都要充分体现出这一点。二要“管用”。制定标准要符合科学、符合实际，能够解决问题，确保高质量。总体上讲要严控数量，减少存量，优化整合，提高质量，但不是说控制了数量，质量自然而然就提高了。数量不是定死的，不需要则少，需要则多，量体裁衣，根据实际需要来制定，一切都要坚持实事求是。三要“好用”。标准要方便大家使用，一个树种从种子到用材有很多技术环节，有多个标准，太分散了就不方便使用，这类标准可以制定综合性标准。要推进标准网上全文公开，能公开的一律免费公开。

## 二、坚持“开门办标准”的原则要求

林草标准有自己的特点，一类是属于生态保护修复类的，公益性和管理性强，要坚持由业务司局作为标准的制定主体和实施主体，紧紧依靠业务司局，充分发挥其主体作用。另一类属于林草产品类的，就要由市场来说话，让市场成为标准的制定主体和实施主体。坚持“开门办标准”，就是要更好地让标准制定和实施主体参与进来。标准不是标准起草者自己的标准，要反对闭门造标准，要明确标准服务对象，

明确标准制定和实施主体。对于生态保护修复类的标准，要继续优化标准立项机制，加强与业务司局对接，征集标准需求，凝练标准项目，解决好标准制定和实践应用脱节问题。对涉及人民生命健康等重大利益的标准，一定要研究制定强制性标准，同时要组织强化标准的实施应用，倒逼技术创新应用。对于林草产品类的标准，要加强指导和监督管理，不能草木丛生，良莠不分，眼花缭乱，无所适从。要根据标准的实施范围、应用程度、安全指标、社会关注度等，研究这些标准能不能分等定级，加大标准解读和宣传力度，让老百姓能知晓、好判断，以标准升级助推消费升级。要加强标准制定管理工作，建立立项标准完成率通报机制，对确实没实际需要的，作出废止、终止和结题等处理。

## 三、掌握“系统设计，协调推进”的重要方法

总的来说，要系统谋划和设计，不能零打碎敲，坚持以林草事业高质量发展需求为导向，强化顶层设计，加强标准与政策规划、制度体系、重点工程的衔接，构建科学、系统、规范的标准化工作体系。只有把这个体系的四梁八柱研究构建出来，把它的实际效果图描绘出来，把它的施工方案设计出来，才能前后比较对照，明确重点，抓住关键，发现空白，找准短板；也才能心中有数，把握节奏，确定一个时间表来持续推进完成。加强林草标准化体系设计，要着重从加强理论体系、标准体系、管理体系、支撑体系等方面设计和建设，重点要加强林草标准体系研究构建，根据行业发展需求，确定各个技术领域标准体系构成，力争一次成型，划分重点，逐步制定。

## 四、强化“标准应用评估”的实践反馈

标准有用、管用、好用还不行，关键得应用。没有应用，就没有价值。有用、

管用、好用的标准，不一定在实践中就用得广、用得好。要通过评估方式，掌握标准谁在用，用得多不多，用得好不好，为什么没有用，为什么用得不好。这样就能够形成有效的工作闭环，显著提高标准工作质量。要认真梳理现行林草标准情况，根据工作任务要求变化情况，积极做好标准“废、改、立”工作，及时更新和补充相关标准，严把立项关、质量关、发布关，保持林草标准蓬勃活力。行业标准为推荐性标准，一定要把标准应用评估深入开展起来，建立完善标准化信息服务平台，扩大与社会的沟通渠道，及时收集标准使用反馈信息，科学分析研判，积极采纳处理，才能进一步提升标准的适用性、科学性。每年确定重点标准并开展评估，把评估结果用足用好，逐步让人们更多地感受到标准在现实生产生活中的作用。

## 五、贯彻“标准走出去”的战略安排

当前的标准化工作，比较习惯于立足行业、着眼国内，这种情况要加以积极改变。要树立世界眼光，认真吸纳国际标准工作先进理念和做法，推动国际标准在我国的转化运用。积极参加和承办国际标准化组织等国际标准组织学术和技术会议，加强标准工作互动交流。加大工作力度，做好标准外文翻译出版宣传，推动中国林草标准走出去，积极服务“一带一路”。借鉴成立国际标准化组织竹藤技术委员会的成功经验，积极争取各方支持，设立有关国际标准化组织技术委员会。

## 六、加强标准化工作的组织领导

标准化工作容易被忽视和边缘化，要给予更多关注，将其始终摆在重要位置，记在心头，抓在手上，落在实处。标准化工作是门专业，是门科学，要不断提高规律认识和把握能力，要有专业人才和技术团队去研究，要高度重视和大力加强标准研究和审评人才队伍建设。要根据职能调整情况修订行业标准化管理办法和行业标准制定范围。加强各标委会组织建设和指导考核。加强对各省级林草部门标准化工作的指导，推动形成全国上下一盘棋的工作格局。进一步加强培训宣传，营造浓厚氛围，增强标准意识，努力形成标准化工作的共识和合力。

## 作者简介

郝育军，男，1975年生，国家林业和草原局科学技术司司长，兼任中国农业发展战略研究院理事、中国林学会副理事长。在《理论动态》《绿色时报》等重要期刊、报纸上发表文章50余篇。先后获得中国产业经济好新闻奖二等奖、第五届环境新闻奖一等奖、关注森林新闻奖二等奖等奖项，以及国家林业和草原局优秀共产党员、全国森林防火工作先进个人、国务院扑火前线总指挥扑火先进个人、国家林业和草原局“十佳青年”、中央国家机关首届“五四青年奖章”等荣誉称号（奖章）。

# 经济林与林下经济融合发展

陈幸良

（中国林学会副理事长兼秘书长、研究员）

## 一、经济林和林下经济的概念与联系

经济林是多种森林类型之一。关于经济林的定义，一般学者认为有广义和狭义之分。广义的经济林，相对防护林而言，包括特用经济林、薪炭林以及以经济效益为主的其他森林；狭义的经济林则是指以生产果品、食用油料、工业原料和药材等为主要目的的林木。中南林业科技大学编写的《经济林学》等教材和很多论著都引用了 2019 年以前的《中华人民共和国森林法》第二条第三项中规定："经济林是以生产果品、食用油料、工业原料和药材为主要目的的林木。" 2019 年新修订的《中华人民共和国森林法》八十三条规定：森林按照用途可以分为防护林、特种用途林、用材林、经济林和能源林。但不再规定经济林的含义。在第五十条国家鼓励发展的商品林中，规定了：①以生产木材为主要目的的森林；②以生产果品、油料、饮料、调料、工业原料和药材等林产品为主要目的的森林；③以生产燃料和其他生物质能源为主要目的的森林；④其他以发挥经济效益为主要目的的森林。由此可

* 2021 年 7 月 20 日，中国榛子产业发展大会上的特邀报告。

知，随着对森林、树木和多种资源经济功能的认知拓展和技术进步，许多树木的果实、种子、花、叶、皮、根、树脂、树液加工提制成油料、淀粉、香料、漆料、蜡料、胶料、树脂、单宁、纤维、药物等物质将不断得到开发，经济林的外延将逐步扩大。

从广义理解，经济林是指以利用木材以外的资源为目的的森林。国外通称经济林为“non-wood products（NWP）”，即非木质林产品；或“non-timber products（NTP）”，即非木材林产品。从经济林产品的形式看，基本上可划分为果品类（包括种子）和特用经济林产品（包括芽叶、皮类、汁液类产品）两大类。以生产果实或种子为经营目的的经济林，其产量与个体和群体结构、肥水条件、栽培措施关系密切，具有园艺化生产的特征；以生产特用经济林产品为栽培目的的经济林，其产量与群体密度、立地条件和栽培技术措施关系密切，具有林业生产特征。因此，经济林经营既具有园艺生产的特征，又具有森林经营的特点。

在实际应用中，经济林概念并非固定不变。经济林类有相当一部分树种具有优良的用材价值，是经济林和用材林兼有的树种。如核桃木、杜仲、黄柏、银杏等优良经济林树种，均具优良用材价值，同时也是很好的防护林树种。目前，在国内研究中，通常用狭义的经济林概念，但在论述森林除木材以外的资源时，则又用广义的经济林概念。对尚未规模化繁殖利用的经济植物资源，泛称为经济林。但对森林中的草本经济植物或菌类资源，不宜称为经济林，宜称为林下经济植物资源或森林经济植物资源。

林下经济的概念也有一个逐步演变过程。起初仅作为一种利用林下种养殖活动。随着实践的发展，其规模、产业形式、形态类别不断发展，内涵逐步提升。在2012年7月国务院办公厅《关于加快林下经济发展的意见》中，林下经济概括为“以林下种植、林下养殖、相关产品采集加工和森林景观利用等为主要内容”。众多学者对林下经济概括了不同的定义。特别是英文对应词，更需揭示其内涵，否则在国际学术交流中，不易于为同行所理解。中国林学会经过组织广泛研讨，综合十几种表述，将林下经济定义表述为：依托森林、林地及其生态环境，遵循可持续经营原则，以开展复合经营为主要特征的生态友好型经济，包括林下种植、林下养殖、相关产品采集加工、森林景观利用等。英文名词也在综合比较 under-forest economy、in forest economy、under the canopy forest economy、product in-forest、non-wood forest products 等基础上，确定为“non-timber forest-based economy”。该定义强调了林下经济绿色、循环、可持续、多目标和复合经营的特点，突出了生态系统服务经营、生物多样性保育与资源可持续利用的统一，于 2018 年以中国林学会团体标准《林下经济术语》（T/CSF 001—2018）颁布后被广泛采用。

由以上内容可知，经济林与林下经济是既有联系又有区别的概念。相同的方面有：①都利用非木质资源；②都突出经济主导功能；③都强调产品加工等全产业链发展；④都强调兼顾生态和社会功能。不同之处至少表现在 6 个方面（表 1）。目前，经济林根据其产品的主要特征和用途，大致分为 9 类：①水果类，如苹果、梨、葡萄、桃、杏、柑橘、荔枝、石榴、枇杷、樱桃、猕猴桃，以及蓝莓、树莓等小浆果树木；②干果类，核桃、枣、板栗、仁用杏、榛子、香榧、澳洲坚果等；③饮料类，茶、咖啡、椰子树等；④调料类，花椒、八角、桂皮树等；⑤食品类，笋用竹林，木耳、蘑菇等食用菌或山野菜等；⑥药材类，乔木类如杜仲、黄柏、厚朴、银杏、皂荚等，灌木类如枸杞、沙棘、山茱萸、五味子、刺五加、金银花等，草本类如黄精、白术、玉竹等，藤本类如三叶青、白芍等；⑦油料类，如油茶、油橄榄、油用牡丹、文冠果、光皮树、元宝枫等；⑧工业原料类，如橡胶树、漆树、油桐、乌桕、五倍子，以及产松脂的马尾松、油松等松树林；⑨其他类，用于文化等其他用途，如麻核桃树、核桃楸（果实可加工文玩手串）等。

表 1　经济林与林下经济的联系与区别

| | 经济林 | 林下经济 |
|---|---|---|
| 相同点 | 生产非木质林产品 | |
| | 经济主导功能 | |
| | 产品加工、产品品质提升等全产业链经营 | |
| | 兼顾生态和社会功能 | |
| 不同点 | 主要为木本 | 木本、草本、真菌 |
| | 栽培资源相对集中 | 栽培资源种类繁多 |
| | 单作经营为主 | 复合经营 |
| | 产业化经营特点显著 | 产业化经营有待发展 |
| | 良种选育和品种创制成果较多 | 良种选育和品种创制成果有待发展 |
| | 栽培技术先进 | 提倡生态栽培和仿生栽培 |

林下经济植物选择面较广，一般既可按照上述分类，也可按照农业作物分类：①粮食作物，如小麦、豆类、薯类、青稞等。②经济作物，如纤维类的棉花、大麻等；油料类，如油菜、花生、芝麻、向日葵等；糖料作物，如甘蔗、甜菜等。③蔬菜作物，如萝卜、白菜、蒜、葱、辣椒、黄瓜、西红柿等。④果类作物，如梨、苹果、桃、杏、核桃、李、樱桃等。⑤药用作物，如人参、当归、金银花等。⑥饲料作物，如玉米、绿肥、紫云英等。⑦嗜好作物，如烟草、咖啡等。

经济林和林下经济的栽培技术都强调高产、优质、高效，实现产品优质化。栽培技术的树体管理、土壤水肥管理、营养生长和生殖生长的技术调控、有害生物管理等方面，包括品种配置、整形修剪、土壤耕作、精准施肥、土壤灌溉、人工授粉、疏花疏果、植物调节剂使用、病虫害防治等技术措施趋同。产品的品质包括外观品质、营养品质、食用品质、贮藏品质、加工品质等方面技术均相似。

## 二、经济林与林下经济发展概况

2021 年 8 月，自然资源部、国家统计局发布第三次全国国土调查主要数据。全国园地 2 017.16 万 $hm^2$。其中，果园 1 303.13 万 $hm^2$，占 64.60%；茶园 168.47 万 $hm^2$，占 8.35%；橡胶园 151.43 万 $hm^2$，占 7.51%；其他园地 394.13 万 $hm^2$，占 19.54%。园地主要分布在秦岭—淮河以南地区，占全国园地的 66%。国土“三调”是机构改革后统一开展的自然资源基础调查。该数据囊括了全国各类土地利用状况、土地权属状况和地类变化情况。

根据第九次全国森林资源清查数据，经济林面积为 2 094.24 万 $hm^2$，与第三次全国国土调查主要数据基本相同。果树林和食用原料林面积较大，两者合计占经济林面积的 82%（图 1）。云南、广西、湖南、辽宁、陕西、广东、江西、浙江经济林面积较大，8 省（自治区）合计 1 131 万 $hm^2$，占全国经济林面积的 55%。果树林较多有广东、陕西、山东、河北、广西、辽宁、云南、浙江，8 省（自治区）合计占全国果树林面积的 55%。

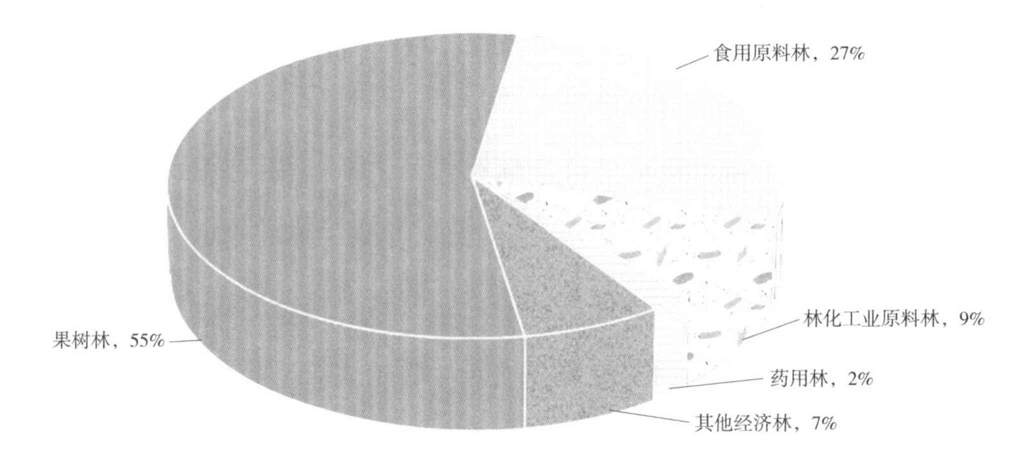


**图 1　经济林各类型面积比例**

按产期分，产前期占 14%，初产期占 22%，盛产期占 56%，衰产期占 8%。按树种分，面积排在前 10 位的分别是油茶、柑橘、茶叶、苹果、板栗、橡胶、核桃、梨、荔枝、枣，10 个树种面积占全部经济林面积的 67%（经济林主要树种面积及比例见表 2）。经济林中，实施集约经营的面积占 47%，一般经营水平的面积占 43%，

表 2　经济林主要树种面积及比例

| 主要树种 | 面积 /$10^4$hm$^2$ | 面积比例 / % |
| --- | --- | --- |
| 油茶 | 236 | 11.49 |
| 柑橘 | 196 | 9.54 |
| 茶叶 | 174 | 8.47 |
| 苹果 | 149 | 7.22 |
| 板栗 | 147 | 7.15 |
| 橡胶 | 130 | 6.32 |
| 核桃 | 98 | 4.79 |
| 梨 | 95 | 4.60 |
| 荔枝 | 77 | 3.74 |
| 枣 | 66 | 3.21 |
| 合计 | 1 368 | 66.53 |

资料来源：第九次全国森林资源清查。

处于荒芜或老化状态的面积占 10%。经济林经营水平有待提高，加强集约经营，改进品种质量，提高产量和效益的潜力很大。

国家林业和草原局生态保护修复司统计，近年来我新造经济林面积年均达 2 000 万亩，占当年人工造林完成面积比重超过 1/3，并有稳步提高趋势。截至 2018 年，全国各类经济林产品产量 1.8 亿 t，干鲜果品、茶、中药材等经济林种植采集产品实现产值达 1.3 万亿元，约占林业第一产业产值的 60%。

根据国家林业和草原局改革发展司统计，截至 2020 年 11 月，全国林下经济种植面积达 6.23 亿亩，产值达 9 166 亿元。组织化的程度也不断提高，各类林下经营主体 94 万个，农民合作社 4 万多个，企业达到 1.7 万家，创造了丰富多彩的林下经济模式。全国林下经济从业人员 3 451 万人。全国有 9 个省（自治区）林下经济产值达 500 亿元以上。截至 2021 年 10 月，国家林业和草原局共命名 526 个国家林下经济示范基地。从业人员 720 余万人，从业林农年均收入达 1.33 万元。基地经营和利用林地面积约 6 000 万亩，约占全国发展林下经济面积的 9%，实现总产值近 1 300 亿元，亩均经济效益明显高于全国平均水平，发挥了示范基地助农增收的作用。

## 三、经济林与林下经济融合发展的技术特点与研发方向

经济林是经过人们长期选育，从森林中开发出来、逐步进行园艺栽培的经济树木资源。但森林中还蕴藏着大量丰富的生物资源，尚未认知和开发的领域非常广阔。开展农林复合系统经营，培育和利用林下资源，特别是特色、珍稀濒危林下资源，发展绿色食品、木本粮食、木本油料、生物药业、花卉、旅游休闲产业，实现全产业链发展，既是保护自然生态、改善和恢复生态系统功能的需要，也是发展绿色经济、改善民生，发挥森林的生态、经济和社会功能，践行“绿水青山就是金山银山”发展理念的根本举措。经济林与林下经济融合发展，将成为推动林业、农业、加工业、旅游等领域产业融合的新业态，是促进林草业高质量发展、增加农民收入、促进乡村振兴的重要途径。

经济林与林下经济融合发展，在第一产业以建立农林复合生态系统为主要途径。通过营造健康、多功能的农林复合生态系统，建立经济林 + 粮食 + 油料或经济植物（动物）或菌类等，将其全部或部分组合为人工生态系统进行综合经营。它的技术特征：①复合经营。这里的复合，包括与粮食、经济作物、蔬菜类、药材、花卉以及食用菌复合经营，甚至包括与渔业和养蜂业在内的复合经营。就是营造具有多重功能的森林。②生态经济模式。促进“产业发展生态化、生态建设产业化”，通过合理布局、种植良种化、生产标准化、经营产业化、服务社会化，使多种经营项目长中短期结合，可持续产出。③生产绿色产品。充分利用生态工程的方法和手段，建成高效、高产、优质和持续的产业体系，生产有机、绿色、高品质农林产品。

复合生态系统的主要技术优点：①有利于资源充分利用。农林复合系统打破单一的农业生产模式，合理配置时空结构，将经济林木与作物或牧草、药材等有机地结合在一起，形成多类型、多层次、多功能的立体复合种植系统，使每种作物或品种在复合群体中处在适宜的生态位，充分发挥不同作物种类或品种之间的互补优势，从而有效地提高资源利用效率。②有利于生态改善，保持和改善土壤肥力。经济林庇护林下各种经济植物的生长，各类经济植物相得益彰，促进生物群体多样化，增加林地有机质，使林地土壤微生物区系趋于复杂、数量增加，提升养分利用率，有效地维护和提高土壤肥力。③有利于提高生产效率。经济林与林下植被复合系统的物种增加，结构复杂，生产力得到充分挖掘；通过物种间的相互作用以及生产措施，生产高质量的产品。④有利于提高经济产出。推动资源优势转换，促进提高物质循环利用率和劳动生产率。

经济林与林下经济融合发展，在实践中已有很多创新。未来应加强以下重点领域的科技创新：①经济林与林下经济资源优良品种选育。良种选育是产业发展的基础。应加强种质资源收集、保存和评价，构建育种群体资源库，建立系统和健全的育种基地，构建经济树种无性系育苗新技术体系。②经济林与林下经济资源保护培育和可持续利用。选择林下动物资源、植物资源、微生物资源（主要以真菌类为主）的生物学规律和可持续利用研究，揭示林下动植物和微生物的生长习性，特别是对保护和开发利用价值较高的濒危珍稀动物、药食两用植物、木本和草本观赏花卉、昆虫资源、菌类资源开展培育和利用研究。③经济林与林下经济复合经营技术模式。包括经济林复合经营的森林经营、树体管理、土壤耕作和水肥管理等技术，优良品种科学配置技术。④经济林与林下经济资源的生态栽培、仿野生栽培和野生抚育保护。充分利用自然生态条件和特征，科学利用林下空间，充分考虑栽培区的生态承载力，建立与区域生态相适应、相协调的林荫栽培、寄生附生、野生撒播、景观仿野生等模式，探索新技术、新功效。⑤经济林与林下经济产业模式的统筹与规划。从环境保护与市场需求等方面，统筹融合发展。激活林地经营权，加大对滩涂地、林间空地等土地资源利用，促进产业集约化经营。⑥产品加工利用技术。加强经济林和林下经济产品的深度加工技术研究，充分挖掘资源利用价值，加强对品质控制、质量标准、检测技术和监管研究，研发无公害、绿色食品和有机食品的生产技术，完善生产监督体系，制定生产标准，提高生产经营综合效益。

## 作者简介

陈幸良，男，1964 年生，研究员，享受国务院特殊津贴专家。现任中国林学会副理事长兼秘书长，兼任中国森林认证委员会副主任、中国林学会林下经济分会常务副主任委员、国家林业和草原局院校教材建设专家委员会副主任等职。近年来，紧密跟踪国内外发展前沿，在重大生态工程、天然林保育、林下经济、森林生态经济、森林资源经营等方面取得众多创新成果。主持林业“十二五”“十三五”“十四五”多项林业科学研究项目，发表论文 60 余篇、出版著作 15 部，培养了一批硕士、博士高层次人才。代表性论著有：《中国森林供给问题研究》《天然林保育学》《林下经济与农业复合生态系统管理》《中国生态演变 60 年》等。

# 气候变化对森林的影响及适应性经营

**刘世荣**
（中国林业科学研究院研究员，中国林学会副理事长）

全球森林面积 40.6 亿 $hm^2$，占全球陆地面积的 31.2%。森林是陆地生态系统的主体，蕴含了 80% 的陆生生物物种。森林不但提供木材以及各种非木材产品，而且能发挥多种生态服务功能，如涵养水源、保持水土、固碳释氧、为野生动物提供重要栖息地、维持全球生物多样性和生态平衡，还能为人类提供审美、娱乐和休憩的场所。正是由于森林在生态功能、粮食生产和生态安全方面的独特作用，森林在全球可持续发展中也发挥着至关重要的作用。在我国尤其是进入新时代以来，森林作为重要的战略性资源，在生态文明建设和美丽中国建设过程中发挥着不可替代的作用。

以气候变暖为主要标志的全球气候变化已引起全球社会的高度重视，特别是全球 1.5 ℃和 2 ℃温升控制前景的严峻性，更成为人类社会所共同面临的重大挑战，减缓和适应气候变化的全球行动刻不容缓。森林正遭受气候变化的现实和潜在影响，这种可以被检测到的影响强烈而显著。当前，森林管理者面临着如何管理森林以适应和减轻未来气候变化对森林各种生态服务功能影响的挑战，而且当前实施的管理活动将会影响森林对未来气候变化的反应。因此，深刻认识森林生态系统对气候变

* 2021 年 12 月，中国林学会热带雨林分会成立大会暨海南热带雨林保护发展研讨会上的特邀报告。

化的响应方向和强度，有助于采取适应性森林经营和管理措施以减少气候变化对森林的不利影响，从而有效发挥森林在气候变化应对、生物多样性保护和实现人类社会可持续发展中的独特作用。

本报告对当代气候变化对森林影响的直接证据以及大量控制实验的整合分析结果进行了系统总结，借此提出气候变化背景下森林适应性经营与管理的通用性概念、方法和技术指导对策，以期为森林多功能、多效益和多目标管理，以及可持续发展提供科学基础和决策支持依据。

## 一、气候变化对森林影响的直接证据——实证观测

### （一）树种分布区及森林群落组成

大量观测证据表明，当代气候变化已经对物种分布区产生了显著影响。近期以实证观测为基础的 3 篇代表性整合分析（meta-analysis）研究表明，气候变化引起物种（植物、鸟类、哺乳动物、昆虫等）向高纬度和高海拔地区迁移，并且气候变暖幅度最剧烈地区的物种分布区迁移距离也最大，而且近期物种分布区平均迁移幅度呈现继续增大的迹象（纬向和高程迁移速率分别由每 10 年 6.1 km 和 6.1 m 增加到每 10 年 16.9 km 和 11.0 m）。专门针对森林树种分布区迁移的现象也有大量报道，尤其是在欧洲和美国。例如，通过比较西欧地区 1905—1985 年与 1986—2005 年间 171 个森林植物的海拔分布，发现气候变化导致的植物最适宜分布海拔平均上升速率为每 10 年 29 m，其中分布区局限在山区的植物及种群周转快速的草地物种迁移幅度更大，更值得关注的是森林植物的迁移距离与林线以上高山植物迁移距离相一致。

然而，气候变化条件下，植物群落不会作为一个整体进行移动，每个物种的迁移变化几乎是独立发生的，会以不同的组合方式进行群落再组建，所以会导致森林群落结构的变化。例如，Peñuelas 和 Boada（2003）通过对比当前和 1945 年的西班

牙 Montseny 山区植被分布，发现寒温带生态系统正逐步被地中海生态系统所代替。欧洲山毛榉（*Fagus sylvatica*）森林最高海拔（1 600 ～ 1 700 m）上升了约 70 m。在中海拔地段（800 ～ 1 400 m），欧洲山毛榉森林和帚石楠（*Calluna vulgaris*）正被冬青栎（*Quercus ilex*）所代替。欧洲山毛榉被替代的过程是一个林分退化和逐步被冬青栎分割孤立的过程，与健康状态的欧洲山毛榉林分相比，在被孤立的欧洲山毛榉林分中大于 30% 的欧洲山毛榉林分叶片凋落，幼苗更新比例小于 41%，而欧洲山毛榉林分中冬青栎更新比例是连续分布的欧洲山毛榉林分的 3 倍多。

### （二）树木和森林物候

物候是指植物为了适应气候条件的节律性变化而形成与此相应的植物发育节律，是表征森林对气候变化响应最常用的指标之一。随着全球变暖，植物生长季延长、春季物候期提前、秋季物候期推迟成为一种全球趋势（春季物候提前的趋势比秋季物候滞后的趋势更强）；这种趋势在多个空间尺度上都有证实：包括单个植物水平上的地面物候事件观测、遥感数据反演的森林植被（生态系统水平上）物候变化以及以大气二氧化碳浓度作为光合作用吸收碳的时序变化来表征物候变化。其中一个典型大样本研究案例是，Menzel 等（2006）对 21 个欧洲国家 542 种植物 1971—2000 年期间的物候变化进行了研究，发现展叶和开花时间每 10 年提前 2.5 d、果实成熟时间每 10 年提前 2.4 d；在其中 19 个国家，植物开花和展叶期的变化与观测到的气候变暖趋势在统计学上显著相关。植物物候对气候变化的响应也存在种间和地区差异，如北欧春季物候变化比南欧更显著，灌木比树木对温度变化更敏感。在热带地区森林物候对气温变化可能不敏感反而对降水变化敏感，如在巴西厄尔尼诺 - 南方涛动影响了降雨变化，导致亚马孙森林物候发生变化。此外，中国东部南北样带的不同森林植被类型的物候对气候变化也呈现不同的敏感性。

### （三）树木和森林生长

树木的生长也受到气候变化的强烈影响。树木会通过调节叶气体交换和改变水利用效率来适应气候变化，这可能导致树木生长和森林生产力的变化。当前通过对树木年轮研究，加深了树木生长与气候相关性的科学认识，树木年轮的宽度、密度、亮度和同位素含量等都与气候因子密切相关。开展与气候相关的树木生长研究可以揭示树木生长背后的生理过程、重建气候以及量化各种气候情景下的树木生长。在阿尔卑斯山脉西部地区，二氧化碳浓度上升导致亚高山瑞士石松（*Pinus cembra*）年轮宽度的增加。树木生长速率的变化也会相应地影响整个森林生长。在极地乌拉尔山脉高山林线区，以西伯利亚落叶松（*Larix sibirica*）为优势种的林分，由于 20 世纪 5—6 月气温和休眠期降水量的显著增加，树木生长量增加、林分密度增大，最终导致林分生物量增加了 6 倍以上。在我国大量的经验和过程模型模拟都表明，森林生长受到气候变化的强烈影响。

### （四）森林水文循环

森林具有自然调节径流、减少洪水和暴雨径流、补充地下水、改善水质等功能。气候变化正在改变森林与水的关系，进而将影响森林对径流的调节和水资源的供给等方面的理水功能。气候变化对森林产水量的直接影响取决于气候变化如何改变进入森林生态系统的水分（降雨、积雪等）的数量及其时空格局，这将会影响基流、径流、地下水补给和洪水。基于世界不同地区进行的长期研究表明，年平均径流量的大小与降水量大小有关，强降水可能导致更大的峰值流量，更频繁或更严重的干旱可能会减少某些地区的流量。虽然径流历史变化观测趋势（上升或下降）没有表现出一致性，但径流变化趋势与历史降水的变化趋势是一致的，尽管也存在一些例外，如在北极地区受到多年冻土融化和地下水供给的影响。基于全美国 175 条河流的研究表明，气候变化显著影响了过去 75 年的河流径流（年径流量、枯水径流、洪峰径流和冬春径流）特征。

同样，气候变化也会通过影响森林生态系统本身来间接影响森林的理水功能。气温升高导致森林植物蒸腾需水量以及蒸发需水量的增加，从而导致地表径流量和（或）地下水补给量的减少，削弱了森林的水源涵养功能。对美国宾夕法尼亚州布什基尔河森林流域的研究表明，径流量与降水量显著正相关，与温度显著负相关。气候也会通过影响干扰事件的发生而间接影响森林理水功能，如在美国西南部半干旱森林流域的研究发现，植被变化（干旱导致的树木死亡）而不是温度升高是引起径流下降的主要原因。全球变暖通常会导致森林径流水温升高，从而降低水中溶解氧含量，可能会对水生生物的生长和生产力产生负面影响，并会加速自然化学反应，向水中释放过量的营养物质，最终影响水质。在科罗拉多州落基山脉森林流域发现，气候变化导致中欧山松大小蠹（*Dendroctonus ponderosae*）暴发，从而导致流域所提供饮用淡水中总有机碳和有害饮用水消毒副产品浓度的升高。由于水文过程和生物群落之间的相互影响和相互反馈关系，很难精准区分长时间序列内气候变化、森林自身生理过程变化以及土地利用变化等对水资源的调节功能。为此，通常采用水文模型和气候变化情景相结合的方法来分析气候变化对森林水文功能的影响。例如，针对美国密西西比河中东部珠江上游森林流域的模型预测表明，气候变化背景下影响流域平均月径流量的最大因素是降水，其次是二氧化碳浓度和温度。

**（五）森林干扰**

气候变化还将对生物（病虫害、生物入侵）和非生物干扰（火灾、风暴、干旱等）产生影响，并危及森林生态系统结构与功能。气候变化背景下随着降水格局变化引起的干旱强度、频率、持续时间的增加，全球各地普遍出现了干旱导致的树木死亡、森林生产力下降及森林碳汇功能的转变，全球不同地区的森林当前都处于干旱的现实和潜在影响范围内。

气候变化是增加森林火灾风险和蔓延程度的一个关键因素。森林火灾风险的决定因素都与气候和气候变化有很强的直接或间接联系，如气候变化导致森林可燃物(燃烧并传播野火的有机物质)更加干燥。在美国落基山北部地区，春夏温度升高及相应的春季融雪提前导致森林大火发生频率增加。

气候条件对大多数森林病虫害的传播、生命周期、感染压力和总体发生有明显的影响。气候变化可能会加速或扩大森林病虫害的传播。在德国巴伐利亚州，对森林落叶害虫欧洲赤松叶蜂（*Diprion pini*）暴发动态的长期监测表明，欧洲赤松叶蜂的暴发活动在夏季高温的年份中会有所增加。自 2018 年以来，由于气候变暖加剧了虫害和干旱问题，德国已有超过 30 万 $hm^2$ 树木死亡，占比超过德国森林总面积的 2.5%。通过长期监测挪威入侵生物欧洲白蜡顶梢枯死病（*Hymenoscyphus fraxineus*），发现欧洲白蜡的感染压力受到夏季温度的强烈影响，较高的温度有利于病原体种群的增长，在这种有利条件下种群在数年内呈指数增长。

同样气候变化引起的干扰影响在我国也有明显的证据，例如，气温升高是导致我国 20 世纪入侵昆虫种类大幅增加的一个显著影响因素；2008 年发生在我国南方的低温冰雪灾害对森林生长、蓄积量、生态系统服务、生物多样性、火险等级等均造成了多方面影响。

**（六）生物多样性**

森林中蕴含有 80% 的陆生生物物种，森林生物多样性是生态系统物质生产和生态服务的基础和源泉。虽然森林生物多样性丧失的直接原因来自人类活动，包括森林砍伐或退化、栖息地破碎等，但气候变化对森林生物多样性也有显著影响。例如，通过长达 80 年的长期监测发现，硫酸盐沉降和温度变化共同导致美国佛蒙特州青山山脉（Green Mountains）海拔梯度上生境间的多样性（beta 多样性）降低，而且低海拔区域下降幅度更大。针对美国东部 86 个森林树种多度（abundance）变化的研究发现，气候变化（有效水分变化）导致树种多度普遍发生西北方向的迁移，其中变化幅度幼苗大于大树。气候变化也导致美国东部森林系统发育的谱系多样性（phylogenetic diversity）发生变化，其中，幼苗系统发育多样性变化强度大于大树，高纬度和低海拔地区的幼苗系统发育多样性变化幅度更大。此外，具有较强扩散能力的树种其幼苗系统发育多样性变化幅度也更大。在欧洲西部地区，氮和硫沉降引起林冠层下植物群落有轻微向喜氮和喜酸植物演替的趋势。尽管目前由气候变化引起的树种灭绝的证据还相对有限，但由气候变暖导致动物种群消失的证据却不少，如发生在哥斯达黎加蒙特维德高原的森林动物（如 Swift Anole、Montane Anole）局部种群消失。

## 二、气候变化对森林影响的理论推测——模拟实验

### （一）树木生理特征

气候变化对树木形态和生理特征也产生了显著影响。针对幼树幼苗控制实验的一些整合分析研究发现：二氧化碳浓度提高普遍会导致光合速率、根生物量、地上部生物量、总生物量、单位叶重中淀粉含量、胸径、叶面积指数、株高和分枝等方面的增加，导致气孔导度、暗呼吸速率、单位叶重中的氮含量、单位叶重中蛋白质含量减少；与草本植物相比，树种对二氧化碳浓度提高更敏感；与作物相比，树种株高增加比例更大；与树种相比，其他各类植物通常不会发生叶面积指数增加现象。

针对成年树木对气候变化响应研究发现：二氧化碳浓度提高导致许多树种叶片和整树蒸腾量下降，叶片和冠层水分利用效率提升，但是在叶片到整个生态系统范围内各个尺度上，二氧化碳对各个尺度水平上的实际蒸腾下降和水分利用效率提升的影响越来越小；在二氧化碳浓度和温度同时提高的情况下，高温抵消了二氧化碳对树木蒸腾的刺激作用，高温在二氧化碳和高温的复合影响中起决定性作用；此外，

二氧化碳浓度提高会导致许多树木叶面积指数增加；降雨增加导致树木蒸腾量增加，而降雨减少导致蒸腾量下降。

**（二）森林土壤碳过程**

森林是陆地上最大的碳储库和碳吸收汇，森林土壤亚系统在调节森林生态系统碳循环和减缓全球气候变化中起着重要作用。土壤呼吸是大气二氧化碳的重要来源之一。土壤呼吸往往占森林生态系统呼吸总量的 40% ～ 80%。大量实测研究表明，土壤呼吸的季节变化主要受非生物因子温度和水分变化的调控，而昼夜变化则可能主要受植物生理活动周期性等生物因素的影响。全球陆地范围内不同生物群落的气候变化控制实验已有大量的整合分析研究，其中涉及森林土壤呼吸研究发现：二氧化碳浓度增高、氮添加、增温和增雨通常会导致土壤呼吸显著增加，干旱导致土壤呼吸下降；二氧化碳浓度和氮沉降同时增加会提高亚热带和温带森林的土壤呼吸作用强度。氮添加通常导致土壤有机质输入的增加，有利于土壤呼吸，然而氮添加也会导致 pH 值降低，抑制根系和微生物活性而导致土壤呼吸作用强度下降，两者贡献比例的不同也会导致森林土壤呼吸作用强度的下降。在常绿树种人工林中也有发现，二氧化碳浓度和温度同时升高对土壤呼吸有相互排斥性的影响。增温会增加森林地上和地下部分的碳库储量，加速凋落物损失量，减少土壤微生物生物量碳。此外，土壤有机碳的稳定机制决定着土壤固定和存储有机碳的能力与潜力。本质上，土壤碳库的输入与输出过程均可归结于分子尺度上含碳官能团结构的化学反应过程，这表明土壤碳库分子结构特征可能对碳库稳定性具有本质上的调控作用。有机碳的损失虽然也包括地表径流及淋洗等理化过程，但生物的分解矿化作用仍是最主要的过程，因此有机碳的稳定性也可以广泛理解为生物稳定性。具体表现为不同树种的凋落物组成会对土壤有机碳化学结构及其稳定性产生影响。同样，土壤微生物介导调控土壤有机碳固持，土壤细菌对土壤有机碳化学稳定性起关键作用，人工林土壤增温会引起丛枝菌根真菌（arbuscular mycorrhizal fungi，AMF）减少，进而抑制增温引发的土壤有机碳释放。森林土壤碳库中的分子结构与气候变化及其所导致的环境和生态过程改变具有紧密相关性，然而目前对于二者之间的关联认知及相互作用机制的阐释明显不足。

## 三、气候变化下森林适应性经营管理

气候变化呈现多维度变化特征（包括大气二氧化碳浓度、温度、降雨、极端事件等方面），尤其是气候变暖对森林的影响是一个渐进且缓慢长期的过程。当前开展的气候变化对森林的影响的相关研究多是短期研究，而短期研究结果通常与长期影响结果无绝对一致性，如土壤呼吸对增温的长期适应性、叶片光合作用对二氧化碳施肥的长期适应性等，这可能是由于短期实验仅反映系统瞬时动力学过程变化。同样森林生态系统极具复杂性，生物－生态过程的相互影响广泛存在；不同尺度获取的研究结果无法直接进行尺度演绎，如空间尺度大小不同的流域其森林与水的关系存在尺度效应，例如，从叶片到生态系统尺度上蒸腾对二氧化碳浓度增加的响应。气候要素的变化会影响森林的生物学过程，森林也会通过生物物理和化学过程反馈影响气候，因此，气候变化对森林的影响极具复杂性和挑战性。当前开展的研究还无法彻底解决森林对气候变化的响应与适应方面面临的挑战，但是现有的大量知识积累和科学发现，仍然可以指导人类开展气候变化背景下确定性的、适应性的森林管理，这种适应性管理即制定森林可持续经营方案以提升森林生态系统对胁迫响应的弹性、韧性和恢复力，借以适应当前和未来潜在气候变化的影响，也是林业从业人员不断加深对气候变化影响的认识以完善管理体系，调整和改进森林可持续经营管理方案的过程。

在实践过程中，气候变化背景下森林适应性经营管理方式也具有多尺度性，具体包括：①基因的适应性管理。使用遗传学和基因组学方法加速鉴定可以在不断变化的气候环境中生存和繁衍的树种 / 品种。对一些濒临灭绝或受到严重威胁的物种采取有效的种质基因保存对策，利用基因工程创制适应气候变化的新物种、新品种。②物种的适应性管理。即气候变化背景下适地适树人工辅助科学决策的精准实施，包括抗旱、抗寒、抗盐、抗高温等适宜物种筛选，以及珍稀濒危物种的迁地保护、就地保护和就近保护等。③森林生态系统的适应性管理。通过结构调整和功能调控等手段优化森林生态系统的组成和结构、提升生态系统抗胁迫的弹性和恢复力，实现趋利避害，适应或规避气候风险，利用这些潜在变化的正面益处，维持森林生态系统的健康和可持续性，发挥森林生态系统服务的多效益、多功能性。例如，混交林主导的小流域水文功能更具弹性和恢复力，混交林模式有利于提高气候变暖后挪威云杉成活率，混交林比纯林具有更强的碳汇功能、更利于生物多样性保护，天然林比人工林具有更高的生物多样性保护、土壤碳储量、水土保持和水源涵养的生态系统服务功能。④流域的适应性管理。把流域作为一个整体，在“山水林田湖草沙”各系统要素功能优化配置过程中实现人类与自然系统的协调耦合、流域的健康可持续发展。⑤生物圈的适应性管理。全面提高全球范围内各国政府及公众的气候变化意识、建立全球生物圈保护区网络、完善碳排放交易市场、开发并推广碳替代产品、实施清洁生产机制和可持续发展战略等。充分发挥森林在气候变化应对、生物多样性保护和可持续发展中的战略角色和重要作用。

## 四、结　语

深刻认识气候变化对森林生态系统（结构、功能、生物多样性、森林更新和演替动态等）影响的方向和强度是科学制定适应性森林经营管理策略的首要条件。总体而言，就生态过程 / 功能对气候变化的响应方向和强度来讲，在单因素控制实验中得到的结论的一致性要大于在两因素乃至多因素控制实验中得到的结论。考虑到气候变化的多维度性，加强多因素控制实验对于降低气候变化对森林影响的不确定性估计十分必要。气候变化对森林的影响也是多层面的，如森林植物通过分布区迁移来适应气候变化，这必然引起森林群落的重组，群落结构的变化必然导致森林生态系统碳、氮、水循环过程及生态系统功能等的变化，同样气候变化导致的森林物候变化和干旱引起的森林退化也会导致上述同样问题的出现。森林作为一个复杂系统的整体，目前研究人员对其多过程、多功能、多尺度之间的变化存在的协同互作关系及机理的理解还十分有限，尤其是面对气候变化影响的时空变异，会产生极大的理解认识上的不确定性和复杂性。因此，开展气候变化条件下森林生态系统多要素、多过程、多尺度的观测、实验和模拟研究有利于全方位、系统化认识、评价和预测森林生态系统对气候变化的响应与适应。

森林具有巨大的碳汇功能，全球森林生物量碳贮量约占全球植被的77%，森林土壤的碳贮量约占全球土壤的39%。森林生态系统碳储量大于大气碳储量。森林破坏导致的碳排放是仅次于化石燃料的第二大温室气体排放源。如加以合理利用，森林可在减缓气候变化方面发挥更大的作用，因此，在森林的适应性经营管理过程中，既要考虑森林本身对气候变化的适应以减缓气候变化的危害和风险，也要注重发挥森林的固碳增汇、涵养水源等生态系统服务功能，帮助人类适应和减缓气候变化；这种适应性管理也需要同时面向现实和预期的气候变化的潜在影响。所以，在加强现有森林适应性经营并增强森林碳汇功能的同时，也要注意造林的生态（气候）适宜性、森林恢复/重建方式方法的选择、注重森林生态系统的保护并减少森林破坏和退化导致的碳排放。在新造林和森林保护与恢复过程中，要结合未来气候变化的风险识别预测，遵从自然生态系统演替规律等内在机理，着力提高森林生态系统自养、自肥、自愈和自适应能力，增强生态系统弹性、韧性和稳定性，促进森林生态系统质量的整体改善和生态产品供给能力的全面增强，为气候变化背景下最终实现碳达峰碳中和战略目标作出应有的林业行业贡献。

## 作者简介

刘世荣，男，1962 年生，中共党员，研究员，博士导师，森林生态学领域首席专家，国家级跨世纪学术技术带头人，国家杰出青年基金获得者。中国林业科学研究院原院长，兼任国际林业研究组织联盟副主席，国际生态学会执行委员，国际科联工作协调委员会委员和国家气候变化专家委员会委员，中国生态学会名誉理事长，中国林学会副理事长、森林生态分会主任委员，《生态学报》《应用生态学报》《资源与生态学报》《北京林业大学学报》、*Journal of Forestry Research* 副主编，以及《植物生态学报》、*Forest Ecology and Management*、*Ecohydrology* 和 *Foresty* 等国际期刊编委。

主要从事森林生态学领域研究，包括森林生态系统结构与功能、退化天然林生态恢复、人工林地力衰退与长期生产力维持机制和多目标经营、森林生态水文学和森林对气候变化的响应与适应等方面的研究。曾获得国家科学技术进步奖二等奖 3 项，梁希林业科学技术奖一等奖 1 项和省部级科学技术进步奖一等奖 1 项、三等奖 3 项，第四届中国林业青年科技奖；被评为“全国优秀科技工作者”；主编或参编的学术专著 11 部；在国内外发表学术论文 300 余篇，其中 SCI 收录论文 100 多篇。

# 长汀经验，“生态兴则文明兴”的生动诠释

安黎哲　等
（北京林业大学校长、教授）

“进则全胜，不进则退”。10 年前，习近平总书记这份厚重的嘱托，打响了新时代长汀水土流失治理的攻坚战。长汀人民咬定青山不放松，沿着生态文明的正确方向，传承中央苏区红土地精神，继续在绿色长征中迈出坚定步伐，成为践行习近平生态文明思想的先锋队，在实践中不断求索解答“生态优先、绿色发展”的时代之问，成功实现了生境修复和生态富民。

## 一、长汀水土流失治理历史和成就

长汀的水土流失治理在新中国成立之前就已拉开序幕，然而近半个世纪的治理历程却起起伏伏，未见明显成效。到 20 世纪 80 年代初，长汀全县水土流失面积仍占全县土地面积的近 1/3，赤裸的红土山远看像团团灼烧的火焰，成为老区人民的心头之痛。改革开放为这道历史难题的破解带来了历史机遇，地方党委带领人民群众总结出了“水土保持三字经”。1996—2001 年，时任福建省领导的习近平同志 5 次到长汀调研，对长汀水土流失治理工作作出科学指导，将“开展以长汀严重水土流失区为重点的水土流失综合治理”列为福建省为民办实事项目之一，彻底扭转了水

* 2021 年 12 月 31 日，发表在《光明日报》的报告文章。

土流失的状况。

在习近平生态文明思想的指引下，长汀水土流失治理取得了突出成效，生态环境得到明显改善，产业发展步伐加快，农民增收致富途径拓宽，从“火焰山”变成了“花果山”，从贫困县成为幸福乡，取得了一系列突出成效，真正实现了“绿水青山就是金山银山”。

**（一）生态环境得到明显改善**

在长期不懈的坚持治理下，长汀县水土流失情况得到有效遏制，生态环境得到全面恢复。至 2020 年年底，长汀水土流失率从 31.5% 降低到 6.78%，已低于福建省平均水平；森林覆盖率提高到 80.31%，高过龙岩市平均水平，高于福建省平均水平。全县森林蓄积量达到 1 779 万 $m^3$，空气质量优良天数比例达 99.3%，是福建省最绿县份之一，治理经验获水利部通报表扬。因其一直发扬“滴水穿石，人一我十”的奋斗精神，在克服艰苦卓绝的自然环境条件下，取得了来之不易的治理成效，长汀于 2017 年被授予“第一批国家生态文明建设示范县”称号和“‘绿水青山就是金山银山’实践创新基地”称号。2020 年，长汀县水土流失综合治理与生态修复成功入选联合国《生物多样性公约》第十五次缔约方大会生态修复典型案例，“长汀经验”开始走向世界。

**（二）生态与经济实现绿富同兴**

长汀县坚持以习近平新时代中国特色社会主义思想为指导，将习近平总书记对长汀工作作出的 9 次重要指示批示精神内化于心、外化于行，做强城市，深耕发展，探索实现绿富同兴。在产业发展方面全面推进产业生态化和生态产业化，重点发展稀土、纺织服装、文旅康养“三大主导产业”，做优生态农业、生态林业、生态种养、生态旅游等生态产业发展文章，实现生态效益、经济效益双赢。在发展方式方面深入实施产业兴县、招商引资、基础设施、乡村面貌、文明县城创建“五大提升行动计划”。高质量发展和乡村振兴工作取得良好进展，2020 年实现地区生产总值 309.8 亿元、增长 5.2%；规模工业增加值增长 5.5%；固定资产投资增长 8.3%；社会消费品零售总额达 158.3 亿元；城乡居民人均可支配收入分别达 28 681 元和 17 812 元。2017—2020 年，长汀连续 4 年荣膺福建省“县域经济发展十佳县”称号。

### （三）生态与社会发展共同推进

在水土治理期间，长汀县县政府积极开展生态文明建设理论宣传工作，在民众间广泛传播生态文明思想，在校园里开展“校园水保知识”活动，从思想源头上让年轻一代认识到水土流失治理的重要性。政府定期组织农民参与技术培训，通过教育和培训，转变了农民生产生活中的能源使用方式，杜绝了人为砍伐对生态环境的破坏。同时，在水土治理的过程中，长汀县当地的独特文化也被不断丰富与发展。通过对这一方水土的保护，当地百姓不仅收获了物质财富，还拥有了宝贵的精神力量，增强了当地的文化凝聚力。在“红 + 绿”文化的涵养下，“文旅 + 康养”深度融合，汀州古城和“红色小上海”历史风貌逐步恢复，长汀县已经成为集生态景观、乡村旅游、红色研学于一体的文化旅游胜地。2019 年，全县接待游客 440 万人次、人流量增长 26.9%，实现旅游收入 48 亿元、增长 35.2%。

## 二、长汀生态文明建设带来的经验和启示

长汀实践是在习近平生态文明思想指导下的探索，立足生态建设的系统观，不断因地制宜、总结规律，依据规律、优化决策；不断创新机制，探索有效的发展路径，从而真正实现生态环境有效治理和修复，同时带动产业、促进民生，使生态文明建设的收获惠及群众，实现绿富同兴。

### （一）将系统治理、综合治理的方法意识贯穿始终

在长汀水土流失治理过程中，始终贯穿着有效的方法意识。正如 1999 年习近

平同志在实地调研与听取报告之后即指出："要有系统工程的理念，列出时间表，既搞经济林，又搞生态林，要分析自己有多少能力，再争取国家、省、市支持，完成国土整治，造福百姓。"这里包含着为谁治理、如何治理、谁来治理 3 个层面的指导，即以造福百姓为宗旨，由县、市、省、国家多个层面联合支持、主导，以建立在时间约束上兼顾经济与生态效益为治理方式，打造生态治理的系统性工程。由此，长汀的践行经验多层面地体现出系统性，从治理思维的综合性，到治理方式的统筹性，不同范畴和层次的内部协调、彼此协调，全方位提高着长汀水土流失的公共治理效能。

**（二）善于总结治理规律，进行科学决策**

长汀实践中，在依据国家政策和制度进行科学决策和具体治理举措、手段方面都具有很强的科学性。一方面，重视政策和现实的协调，构建服务型政府；另一方面，重视技术创新与科技投入，用科学人才服务生态建设，开创了一系列治理水土流失的新举措、新办法。在科学决策方面，长汀集体林权改革是一个典型案例。"明晰产权、放活经营权、落实处置权、确保受益权"是集体林权制度改革的核心要素。2006 年，福建的林权改革得到中央认可，有了先行先试的摸索和成功的实践经验，全国集体林权制度改革也于 2008 年全面启动。又如，长汀坚持水土流失梯度治理，依据灾害的不同程度，也依据具体问题，实施生态恢复工程、生态修复工程、生态观复等工程。再如，长汀县与中国科学院等科研院校开展科技协作，建立"三站一院一中心"科研平台，依托长汀县水土保持院士专家工作站、福建省（长汀县）水土保持研究中心等单位，吸引大量博士、博士后人才，围绕崩岗类型划分、生态高值农业复合模式示范等具体内容，探索出大量值得广泛应用推广的水土流失治理新模式、新技术。

### （三）保持思考探索，进行体制机制创新

解决生态问题，离不开治理过程中的持续性反思、纠偏，应针对具体问题不断建立新的保障性举措。长汀水土流失治理时间跨度长、难度大、分散性强，许多问题在治理过程中才不断出现。这就意味着必须有科学的治理和监督机制提供针对性保障，为此长汀在不断摸索中总结经验，形成了很多具有独创性的有益举措。例如，长汀在全省首创的三级林长制，是其实践过程中的创新代表。即建立县、乡（镇）、村（社区）三级林长制体制，分级设立林长、警长，从而推进水土流失精准治理和深层治理。又如，在司法保障层面，长汀创立生态司法“三三”机制，依托原林业审判庭，进一步整合相关司法力量，设立生态资源审判庭。另外，在水土流失治理过程中，长汀还以汀江流域整体发展为依托，建构生态补偿机制，即基于长汀县群众为水土流失治理工作付出了大量财力和艰辛劳动，令汀江下流拥有了良好的发展环境，下游地区有责任对长汀进行经济补偿，或由长汀向中央、省里申请生态补偿经费。

### （四）把生态治理修复与产业发展相结合

长汀在实践过程中树立了生态经济理念，坚持治理与经济发展并重、治理与惠农强农并举、治理与民生改善并行，走水土保持促进经济发展、经济发展支撑生态保护的可持续发展道路。多年来，长汀在农业、林业、工业等方向坚持生态思维，发展高效集约型的生态农业；同时培育农村电子商务增长点与新型农业经营体系，出现了盼盼食品、远山农业等龙头企；大力发展特色林业经济与低碳循环生态工业，发展形成“林下经济”，又在建设生态特色的新型园区的过程中，借助西气东输的有利条件，推进风力发电项目、中石油催化裂化剂项目，积极推进节能降耗工作，形成新的经济增长点。长汀还借助历史文化名城的资源优势培育绿色休闲生态服务体系，启动客家文化、红色文化、水保文化在内的三大低碳文化工程建设，打造出极

具吸引力的生态文化旅游品牌。正是在这样由点到面的过程中，长汀的水土流失治理，从一开始的封山育林，到打造经济林，再到发展旅游、休闲复合型农林模式，走出了一条发展生态经济的探索之路；同时，将产业生态化和生态产业化协同推进，不断实现高质量发展，提供着经济效益和生态效益共赢的有效范本，以开拓性促成长汀经济社会文化各方面的协同发展。

### （五）以自觉性的人民行动为支撑和动力

正如习近平总书记指出："生态文明是人民群众共同参与共同建设共同享有的事业，要把建设美丽中国转化为全体人民自觉行动。每个人都是生态环境的保护者、建设者、受益者，没有哪个人是旁观者、局外人、批评家，谁也不能只说不做、置身事外。"①长汀人在生态建设方面始终保持着高昂的主观能动性。这一方面在于长汀有着革命老区红色血统的传承，同时也因为习近平在福建的一系列生态建设举措，使长汀长期在科学生态修复举措的指引下，解决着影响人民生活的生态问题；长汀人民通过勤勉的劳动，实现了物质与精神生活的共赢。这让人们对良好自然生态的依赖和热爱进一步被激发，不断创新生态休闲模式，以生态康养与生态旅游开发带动美丽乡村建设。同时，长汀十分强调教育宣传，及时发现和总结先进人物，形成良好的激励机制。因此，长期以来，长汀人的生态建设积极性一直带动着长汀生态事业的发展，既包括政府管理者"功不在我辈"的格局，也包括长汀人民把环境意识作为自觉行为指南的惯性。正如习近平总书记指出："绿化祖国，改善生态，人人有责。要积极调整产业结构，从见缝插绿、建设每一块绿地做起，从爱惜每滴水、节约每粒粮食做起，身体力行推动资源节约型、环境友好型社会建设，推动人与自然和谐发展。"②个人的主观能动性在长汀形成合力，全民上下的力量也真正帮助长

---

① 习近平总书记在主持中央政治局第二十九次集体学习时的讲话。

② 习近平：《在参加首都义务植树活动时的讲话》（2015 年 4 月 3 日），《人民日报》2015 年 4 月 4 日。

汀推动生态文化与生态经济发展。

## 三、对长汀下一步生态文明建设和高质量发展的建议

长汀虽然取得了令世人瞩目的成绩，但其发展还存在一些困难和问题。在生态修复方面，存在边治理边流失的情况，水土流失治理成果较难巩固；剩余待治理斑块零星分散，治理难度大、治理效率低；传统水土流失区针叶林比例过大，存在林分结构单一、水源涵养等生态功能低下的问题；初次治理区的土壤结构和肥力基础较差，土壤贫瘠、沙化、板结问题依然存在，难以支撑植被的后续生长，植被生态系统还存在着“二次退化”的风险，治理区生态依然脆弱；松材线虫防控难度大、致病性强。在经济社会发展方面，还存在水土流失区乡村发展相对滞后、生态治理和乡村振兴衔接不够有效等问题。对此提出以下几点建议：

一是继续治理水土植树造林，实现“林草兴则生态兴”“生态兴则文明兴”。坚持统筹协调、源头治理、综合治理和系统治理的生态治理观。把“山水林田湖草沙”作为生命共同体，以系统思维为纲，因地制宜，宜林则林，宜草则草，宜农则农。今后，对于已治理地区，要继续稳固；对于较难治理的水土流失区域应采取小流域综合治理措施，以水土保持工程措施结合林草措施进行综合治理；对于治理难度大的山脊和斑块区，要以防扩散为主；对于无法治理的部分区域，可建设教育基地或国家公园，变废为宝，综合利用。今后植被恢复应根据适地适树的原则，尽可能选用乡土树种并促进单一林种到多林种混交，从针叶林到针阔混交林的转变，实现松林改造提升，以充分发挥森林生态功能，提高生物多样性水平及森林生态系统稳定性，并促进土壤改良。定期开展水土保持遥感监测，及时发现水土流失动态变化，尤其重点关注公路建设、水利建设、基建建设、茶果园开垦等极易引发水土流失的生产建设项目，加强水土保持监管。

二是以碳中和为契机全面推进绿色发展。推进清洁生产，实现减污降碳。推动产业进行清洁化改造，采取源头预防、过程控制、末端治理结合的措施。特别是对稀土、纺织等存在污染和排放的主导产业需要在清洁环保方面提出新要求。发展循环经济，减少资源消耗。立足自身发展条件，重点在农业、林业、制造业、旅游业、物流业、电子商务等关键领域发展循环经济，打通产业间的相互连接，最大程度地提高资源利用率。积极发展绿电，促进能源结构调整。长汀县地处山区，具有海拔高、山脊长等天然地理优势，适合发展风电新能源，要加快推动一批集中风电项目落地。光伏方面，要在光照条件较好地区开发集中光伏项目，同时继续推广园区厂房屋顶光伏发电。推动分布式光伏和分散式风电与乡村振兴相融合，充分利用光伏和风力资源，提升企业和农户的收入，实现更大程度的清洁发电用电。发挥长汀群众参与的力量，鼓励广大林农积极参与碳汇林地交易，最大化地利用生态文明建设成果。

三是因地制宜发挥优势进行产业转型。发挥生态建设优势，发展林业经济和林下经济。要继续利用资源优势发展竹木产业、苗木产业、茶园果园、林下经济、采摘经济、生态文化、生态旅游、森林康养等产业，充分使生态和经济社会发展相得益彰，推动实现生态富民和乡村振兴，赋能区域高质量发展。竹木产业要向高端化、精细化发展，如高端竹木家具制造、竹木工艺品制造、竹制餐具茶具制造，打造品牌，提升价值。林下养殖方面，要保持河田鸡品牌优势，扩大生产加工规模，促进产业链向下游延伸，同时探索其他养殖内容，形成品牌优势。林下种植方面要继续发展林菌、林药、林花、林茶等种植产业，利用好套种等方法，提高产出率，增加亩均收益。利用历史文化优势和生态优势，发展文化旅游和生态旅游产业。长汀拥有丰富的文化旅游资源，良好的文化旅游发展基础，优美宜人的生态环境，知名度广泛的客家文化风俗传统、红色革命历史和水土流失治理经验和故事，应对其充分利用，大力打造文化旅游和生态旅游产业。要将红色文化、客家文化、绿色文化和历史文化等全域旅游资源整合开发。以红色文化为依托，塑造中复村“红军长征第一村”旅游品牌；依托水土流失治理和生态文明建设的品牌示范优势，继续建设如汀江国家湿地公园、长汀县水土保持科教园等生态旅游示范项目。

四是以制度创新为梁，铸牢实现绿色转型的保障体系。制度建设是生态文明建设体系的生命骨架和基础保障。长汀能够在众多水土流失地区脱颖而出实现成功，一个很重要的原因就是形成了良好的制度保障。下一步长汀应继续坚持已有制度优势，探索形成生态文明建设评价指标体系，以量化方式进行考核评价，促进地区迈向生产发展、生活富裕、生态良好的文明发展之路。继续加强法治建设，坚决用最严格的制度保护生态，建立生态红线管控机制，使生态文明建设步入法治化轨道。充分利用福建省作为生态文明建设试验区的先行示范作用和自身作为国家首批生态文明示范区和“绿水青山就是金山银山”实践创新基地的优势，依托省级绿色金融改革示范区试点契机，加快构建碳减排金融支持工具，推进生态产品价值实现机制试点，盘活未来发展空间。

长汀水土流失综合治理和生态文明建设取得的巨大成就，归根结底在于坚持习近平生态文明思想的科学指导，正是有了科学的思想理论指导，长汀才能够治好水土流失顽疾，恢复绿水青山，创造金山银山，我们总结长汀经验，这是根本的、管总的一条。“长汀经验”为无数饱受水土流失之苦的地区提供了从生态脱贫到生态振兴的新模式，为千千万万个探索绿富同兴的地区提供了生态富民新参考。绿梦成真的长汀，要继续坚定践行习近平生态文明思想，持之以恒，久久为功，建设大美汀州，实现绿色低碳循环发展，成为全国县域生态文明建设的典型样板。也应进一步总结其生态文明建设的中国意义、世界意义，向世界传播生态治理的中国智慧，贡献中国经验。

## 作者简介

安黎哲，男，1963年生，博士，教授，博士生导师，现任北京林业大学校长，黄河流域生态保护和高质量发展研究院院长。兼任中国林学会副理事长、中国生态学学会副理事长、中国高等教育学会理科教育专业委员会副理事长、教育部生物科学类专业教学指导委员会副主任、《植物生态学报》和《应用生态学报》副主编等职务。长期从事生物学和生态学方面的教学和科研工作，主要针对高寒、干旱和强辐射等极端环境条件下，植物个体、种群和群落的适应机制及其与环境的相互作用开展研究，取得了丰硕的学术成果。先后主持国家杰出青年科学基金项目、国家自然科学基金重点项目、科学技术部国际合作项目、中国科学院“百人计划”项目、教育部“跨世纪优秀人才”基金项目、中国科学院“西部之光”人才培养计划项目、科学技术部国家转基因植物研究与产业化开发专项、教育部科技基础资源数据平台建设项目、国家自然科学基金委“中国西部环境和生态科学重大研究计划”、国家自然科学基金面上研究项目和甘肃省科学技术攻关项目。编写专著5部，在国内外学术刊物上发表论文200余篇，其中SCI刊物收录120余篇，获得发明专利4项。先后获教育部高等学校自然科学奖一等奖、甘肃省自然科学奖二等奖、甘肃省高等学校教学成果奖一等奖等众多奖项。

林震，男，北京林业大学生态文明研究院院长、教授。

张志强，男，北京林业大学水土保持学院院长、教授。

# 为什么入侵生物都像“螃蟹”横着走?
## ——以国内外代表性林业入侵害虫为例

骆有庆
（北京林业大学教授、中国林学会森林和草原昆虫分会主任委员）

## 一、引　子

随着我国对外开放与交流的不断提升，林业入侵生物成为新的重大有害生物类群，如松材线虫因其防控难度大、扩散蔓延快、损失程度重，已成为我国头号外来入侵生物。但增加对外检疫对象与促进经济发展，有时是一对矛盾。从历次发布的全国林业植物检疫性有害生物种类和数量看，有害生物数量虽逐渐减少，但种类上不断突出外来入侵生物，体现了综合处理植物检疫与经济发展的矛盾关系。例如：1984 年，林业部首次发布的林业植物检疫性有害生物有 20 种，其中仅约 1/4 为外来入侵生物；1996 年，林业部第二次发布的林业植物检疫性有害生物共 35 种，其中也仅约 1/4 为外来入侵生物；2004 年，国家林业局第三次发布的林业植物检疫性有害生物共 19 种，其中约一半为外来入侵生物，后又陆续增加 4 种外来入侵生物；2013 年，国家林业局第四次发布的林业植物检疫性有害生物共 14 种，其中 13 种为

* 2021 年 11 月，粤港澳大湾区生态保护与生态系统治理高端学术研讨会上的报告。

外来入侵生物。

近年来，松材线虫、红脂大小蠹等重大入侵生物在我国的扩散蔓延加快，体现在分布区不断扩大、危害树种不断增多等方面。截至 2021 年，松材线虫病已在全国 19 省（自治区、直辖市）、726 县级行政区发生，且“北扩西进”趋势明显。同时，新的重大入侵生物不断被发现，如松树蜂、长林小蠹、松针鞘瘿蚊和椰子织蛾等。

国家“一带一路”倡议和自由贸易区建设的实施，使外来物种入侵风险大幅度增加。我国以往的口岸检疫策略是制定检疫对象“正面清单”，但为了促进经济发展，自贸区内的检疫策略是制定检疫对象“负面清单”，相对风险加大。自 2013 年以来，我国已批准设立自贸区 21 个，分布于 21 省（自治区、直辖市），几乎遍布全国。从区域角度，外来入侵生物的登陆地，以往是以东部沿海地区为主，但现在内陆地区外来入侵物种增多，新疆成为我国外来入侵生物数量最多地区之一，已从防控入侵生物的“战略后方”变为“前哨阵地”。

因此，生物入侵是正常国际贸易和人员交流不可避免的“副产品”。一个国家或地区入侵物种的数量与其国际交流的规模和历史密切相关。全球范围内，入侵物种数最多的是美国和欧洲地区。欧洲外来入侵物种名录记录了欧洲外来物种 12 000 余种。美国有外来物种 50 000 多种、入侵物种约 4 300 种，入侵生物造成美国每年约 1 200 亿美元的损失。美国与林业相关的入侵生物约 400 种，约占入侵物种的 10%。美国林业入侵生物种类分布集中在东北部，其次为西部，突出体现了人类活动在外来物种入侵和扩散中的主导作用，也反映了首次登陆地、生境易入侵性和入侵速度的综合结果。

我国有 40 余种主要的林业入侵生物，原产地主要在北半球，并以纬度和生态地理气候与我国相似的北美大陆与欧洲地区为主。我国与俄罗斯的国界线很长，贸易和交流的历史也很悠久，但很少有林业入侵生物的相互入侵。因此，可以说林业入侵生物的入侵路径以“横行霸道”为主，就像螃蟹横着走一样。

## 二、国内外重要林业入侵害虫的横向“行走”

林业入侵害虫的寄主树木在野外自然条件下生长，其分布是自然的，能够反映气候、地理等自然条件对其入侵和分布的影响。而农作物、蔬菜、花卉有时是在非自然条件下，也就是在设施条件下，如温室内种植的，其生境内的入侵生物受人为营造环境的影响。因此，我们选择受人为环境影响较小的林业入侵害虫作为案例探讨入侵生物的横向“行走”。

### （一）研究方法

（1）首先选择全球具有代表性的林业入侵害虫，包括原产中国和入侵中国的种类，兼顾食叶性、钻蛀性和刺吸性的害虫习性。

①入侵中国的代表种类：红脂大小蠹（*Dendroctonus valens*，钻蛀性害虫）、松树蜂（*Sirex noctilio*，钻蛀性害虫）、美国白蛾（*Hyphantria cunea*，食叶害虫）、椰心叶甲（*Brontispa longissima*，食叶害虫）、湿地松粉蚧（*Oracella acuta*，刺吸性害虫）、悬铃木方翅网蝽（*Corythucha ciliata*，刺吸性害虫）。

②原产中国入侵其他国家的代表种类：光肩星天牛（*Anoplophora glabripennis*，钻蛀性害虫）、白蜡窄吉丁（*Agrilus planipennis*，钻蛀性害虫）、脐腹小蠹（*Scolytus schevyrewi*，钻蛀性害虫）、舞毒蛾（*Lymantria dispar*，食叶害虫）、斑衣蜡蝉（*Lycorma delicatula*，刺吸性害虫）。

（2）从以下权威的数据库获取林业入侵害虫的全球地理分布信息：CABI Invasive Species Compendium（https://www.cabi.org/isc）、EPPO Global Database（https://gd.eppo.int/）、Global Invasive Species Database（http://www.iucngisd.org/gisd/）、中国外来入侵物种数据库（www.chinaias.cn/）、International Plant Protection

Convention（https://www.ippc.int/en/）、维基百科（https://en.wikipedia.org/）。

（3）使用几何学形心（centroid）的概念（即多边形的几何中心）来定量评估入侵生物原产地与入侵地分布区域的地理中心。将物种原产地和入侵地分布的各方向极端点连接形成多边形，计算多边形各个顶点的横纵坐标的平均值，即为形心。

## （二）研究结果

表 1 展示主要林业入侵害虫原产地与入侵地形心的纬度差，可以看到形心纬度非常接近，平均纬度差小于 6°。有的是跨越赤道，如椰心叶甲。这表明这些入侵物种的入侵主要是沿着经度在同一纬度带传播的，像螃蟹一样“横行”。

原产地与入侵地形心纬度差较大的种类，通常是入侵后危害国外引进树种的种类。例如：原产北美洲的湿地松粉蚧入侵我国的首发地是位于广东省的湿地松种子园，而湿地松是我国从北美洲引进的树种；松树蜂入侵南半球的南美洲、大洋洲等地，其寄主松树在南半球也是非原生分布的，均是从北半球引进的，而引进后的种植地是人为选定的，非自然现象。

**表 1　主要林业入侵害虫原产地与入侵地的形心纬度差比较**

| 害虫种类 | 原产地 | | | 入侵地 | | | 纬度差 |
|---|---|---|---|---|---|---|---|
| | 大洲 | 地理分布的形心 | | 大洲 | 地理分布的形心 | | |
| | | 经度 | 纬度 | | 经度 | 纬度 | |
| 美国白蛾 | 北美洲 | 96.6498° W | 41.4697° N | 欧洲、亚洲 | 76.9402° E | 42.3566° N | 0.8869° |
| 红脂大小蠹 | 北美洲 | 95.3778° W | 39.8001° N | 亚洲（中国） | 113.4033° E | 38.0705° N | 1.7296° |
| 悬铃木方翅网蝽 | 北美洲 | 86.1318° W | 39.8935° N | 欧洲 | 14.6557° E | 44.6395° N | 4.7460° |
| | | | | 亚洲 | 127.5837° E | 35.0876° N | 4.8059° |
| 湿地松粉蚧 | 北美洲 | 88.3097° W | 36.8100° N | 亚洲（中国） | 113.7553° E | 24.5518° N | 12.2582° |
| 白蜡窄吉丁 | 亚洲 | 116.5116° E | 38.2242° N | 北美洲 | 87.1330° W | 40.7812° N | 2.5570° |
| 脐腹小蠹 | 亚洲 | 100.3924° E | 45.2556° N | 北美洲 | 100.8293° W | 41.5297° N | 3.7259° |
| 光肩星天牛 | 亚洲 | 111.4667° E | 36.2915° N | 北美洲 | 80.4205° W | 43.5496° N | 7.2581° |
| | | | | 欧洲 | 8.0611° E | 47.3050° N | 11.0135° |

续表

| 害虫种类 | 原产地 | | | 入侵地 | | | 纬度差 |
|---|---|---|---|---|---|---|---|
| | 大洲 | 地理分布的形心 | | 大洲 | 地理分布的形心 | | |
| | | 经度 | 纬度 | | 经度 | 纬度 | |
| 斑衣蜡蝉 | 亚洲 | 110.2413° E | 32.7013° N | 北美洲、南美洲 | 76.0745° W | 40.9312° N | 8.2299° |
| 椰心叶甲 | 南半球各大洲 | 142.3726° E | 15.0519° S | 北半球 | 104.0322° E | 13.5925° N | 1.4594° |
| 舞毒蛾 | 欧洲 | 10.7312° E | 44.7480° N | 北美洲 | 90.4607° W | 41.9109° N | 2.8371° |
| 松树蜂 | 欧洲、非洲（北部） | 9.5533° E | 43.8086° N | 亚洲（中国） | 124.5564° E | 46.6519° N | 2.8433° |
| | | | | 北美洲 | 82.4408° W | 48.4240° N | 4.6154° |
| | | | | 大洋洲 | 151.9853° E | 37.8673° S | 5.9413° |
| | | | | 非洲（南部） | 18.7377° E | 33.8279° S | 9.9807° |
| | | | | 南美洲 | 55.1558° W | 25.9292° S | 17.8794° |

## 三、林业入侵生物预警启示

### （一）害虫“横着走”的原因

不同纬度带不同的热量条件与不同的地理条件形成了多样化的温度、降水和海拔的栖息地，也因此形成了丰富的生物多样性。地理和气候共同决定了物种的原始分布。地理与气候的相似性也会带来物种的相似性。大多数物种传入他地，只有在与其原产地近似的环境条件下才能很好地生存繁衍。气候，尤其是温度，影响了变温动物昆虫的生存、生长发育及其与寄主植物、天敌生物的群落关系构建。

年极端温差大小与昆虫耐热或耐寒适应能力也紧密有关。随着纬度增加，年温差和年极端温差也越来越大。以中国地形（第一阶梯：青藏高原，海拔超过4 km；第二阶梯：高原，海拔1～2 km；第三阶梯：海拔500 m以下，以平原与丘陵为主）中同为第三阶梯但纬度不同的城市为例：保亭黎族苗族自治县（海南省）的纬度范围为18° 23′ N—18° 53′ N，年极端温差仅为34.1℃；漠河市（黑龙江省）

的纬度范围为 50° 11′ N—53° 33′ N，年极端温差达到 87.4 ℃。

因此，某种生物如沿南北向的跨越纬度入侵或扩散，需要在短时期内极大地改变或提高对温度的适应性后才能自然定殖或繁衍；从生物进化的角度，这是很困难的。但如沿东西向的跨经度入侵或扩散，因生态、地理、气候类似，总是有“在老家”或“此心安处是吾乡”的感觉，则自然定殖与繁衍变得非常容易。

### （二）宏观预警启示

一般来说，入侵害虫在林业中的扩散传播符合“横行”的规律，因此有必要关注左右“邻居”。对于南北幅员大的国家，如中国、美国、日本和智利等，对于外来生物入侵的宏观预警，应特别注意把握生物地理气候带相似的规律。并且为提高预警的针对性和准确性，不应将外来入侵物种的宏观预警一概而论、一视同仁，要采取“共同但有区别”的预警原则。“共同”意味着这些国家或地区因地理气候带多样，有很高的生物入侵风险。“区别”是指这些国家应依据南北向纬度差异划分不同的地理气候区，特别防范与本国不同地理气候带相似的对应国家或地区，从而更好地促进正常的国际贸易与交流。比如，我国的黑龙江省与美国的佛罗里达州，我国的云南省与美国的缅因州，入侵物种相互传入的风险就相对极低；彼此更应关注与本国不同地理气候带相似的对应地区的物种入侵风险。

此外，以气温上升为显著特征的气候变化会影响昆虫的分布、生长发育、物候同步性、种间关系和群落结构等方面。明确气候变化对昆虫分布的影响也有利于控制入侵昆虫的扩散蔓延，指导对其的防控检疫工作。

## 作者简介

骆有庆，男，1960 年生。长江学者特聘教授，教育部创新团队负责人，教育部黄大年式教师团队领衔人，北京林业大学原副校长。

主要研究方向为林木钻蛀性害虫生态调控和林业入侵生物防控。获省部级以上科技奖励10项，其中以第一获奖人获国家科学技术进步奖二等奖2项。近10年来，领衔首次发现重大林业入侵害虫4种。

主要学术兼职：中法欧亚森林入侵生物联合实验室中方主任、中国昆虫学会副理事长、国家林业和草原局林业有害生物防治技术标准专家委员会主任委员、中国林学会森林和草原昆虫分会主任委员、教育部科学技术委员会环境学部委员、教育部林学类本科专业教学指导委员会主任委员、教育部首批虚拟教研室负责人、中国林业教育学会副理事长兼秘书长、亚太林业教育协调机制协调办公室主任等。

# “绿水青山就是金山银山”安徽实践途径的探讨

邱 辉 等
（安徽省林学会理事长）

## 一、研究背景

在习近平新时代中国特色社会主义思想指导下，安徽省深入贯彻习近平生态文明思想和考察安徽时的重要讲话指示精神，积极践行“绿水青山就是金山银山”理念，完善生态产业化、产业生态化的生态产品价值实现机制，全面提升林业资源生态、经济和社会功能，打造“三地一区”，为加快建设经济强、百姓富、生态美的新阶段现代化美好安徽作出新的贡献。

中共中央办公厅、国务院办公厅印发《关于建立健全生态产品价值实现机制的意见》后，安徽省各地各部门积极行动，紧紧围绕顶层设计，加大推进力度，因地制宜，分类施策，积极稳妥推进生态产品价值实现工作机制。安徽省于 2017 年开始林长制改革试点。2021 年，中共安徽省委办公厅、安徽省人民政府办公厅印发《关于深化新一轮林长制改革的实施意见》，着力健全“护绿、增绿、管绿、用绿、活绿”协同并进的林长目标责任体系，通过“平安森林、健康森林、碳汇森林、金银森林、活力森林”建设构建多元共生、健康可持续的自然生态系统，完善生态产业

＊ 2021 年 11 月，安徽林业创新发展论坛上的报告。

化、产业生态化的生态产品价值实现机制，全面提升林业资源的生态、经济和社会功能，在新一轮深化林长制改革中展现新作为、实现新突破。

为贯彻落实省委、省政府决策部署，省林业局制定了《安徽省林业保护发展“十四五”规划》，从贯彻落实习近平生态文明思想和长三角一体化发展国家战略出发，提出了“绿水青山就是金山银山”实践创新区、统筹“山水林田湖草沙冰”系统治理试验区、长江三角洲区域生态屏障建设先导区“三大战略”定位，明确了奋斗目标，细化了建设任务，谋划了发展项目，制定了保障措施。这些都为安徽省林业生态产品价值实现提供了必要条件。

## 二、目的和意义

研究秉持“绿水青山就是金山银山”的理念，坚持生态优先、绿色发展，坚持因地制宜、生态惠民，通过深入调查省内外生态产品价值实现机制实践情况及存在问题，探索性提出符合安徽林业发展、实现生态产品价值的实践途径。“绿水青山就是金山银山”实践途径的探索是落实和践行生态文明建设的重要内容，不仅为安徽省建设“两山理念”实践创新区和绿色转型区提供决策参考，也为安徽省解决林业发展不平衡、不充分提供政策和技术支撑，对促进全省乡村振兴、实现美丽江淮具有现实意义。

## 三、现有潜力与不足分析

### （一）安徽省生态产品价值实现的基础和潜力

1. 自然条件有利于生态产品多样化开发

安徽地处我国东部，拥有淮河、长江、新安江三大水系；气候复杂，包括亚热带和暖温带气候；地形多样，兼备山地、丘陵、平原圩区，形成了丰富多彩的林业资源。现全省森林覆盖率达 30% 以上，森林面积 417.47 万 $hm^2$，森林蓄积量 2.7 亿 $m^3$；湿地总面积 104.18 万 $hm^2$，湿地保护率达 51% 以上，属于全国湿地资源丰富的省份之一。现有各级各类自然保护地（自然保护区、风景名胜区、森林公园、湿地公园、地质公园等）300 多处。全省有木本植物约 1 390 种，脊椎动物 44 目 137 科 758 种。这些为安徽省林业生态产品多样化开发奠定了坚实基础。

**2. 区位和交通优势与便利为生态产品发展创造便利条件**

安徽省地处华东，是长三角区域一体化的重要成员，地理上承东启西、连南接北，区位优势明显。沿江和沿淮水系发达，是长江和淮河的重要水源补给地，南部为新安江源头区，对江浙沪生态安全举足轻重；沿江平原和淮北平原是我国重要的粮食生产基地；大别山区和皖南山区生态环境优良，物产丰富，特产众多，风光秀丽，是长三角区域一体化发展的重要生态有机绿色安全食品生产基地和森林生态旅游最佳目的地。

**3. 已有改革成果为生态产品价值实现提供了制度保障**

安徽省在全国率先实施林长制改革，被授予全国林长制改革示范区，建立了以党政领导责任制为核心的省、市、县、乡、村五级林长体系。林长制已写入新修订的《中华人民共和国森林法》，国家出台了《关于全面推行林长制的意见》。国有林场改革如期完成，国有森林资源监测管理、资源资产经营和生态经济价值实现迈上科学化、规范化发展道路。集体林权改革全面完成，确权发证、“三权分置”和“三变改革”取得初步实效。

**4. 实践成果为生态产品价值实现提供了经验**

2003 年，安徽省成为国家首批森林生态效益补偿试点省份之一；2012—2020 年，皖浙两省接续开展了三轮新安江流域生态补偿改革试点，取得的成功经验已经推广到安徽省长江经济带。2014 年，安徽省在大别山区启动实施水环境生态补偿机制，建立了首个省级层面的生态补偿制度，并在县级以上建立水土保持生态补偿机制。2018 年 6 月，省委、省政府印发《关于全面打造水清岸绿产业优美丽长江（安徽）经济带的实施意见》，至 2019 年底前建立了沿江市内县（市、区）域水环境生态补偿机制。近年来，安徽省还在积极探索开展排污权交易、水权交易、湿地补偿、空气质量生态补偿机制等试点工作，都取得了积极成效。

## （二）生态产品价值实现方面存在的不足

### 1. 生态产品价值的认识不统一

良好生态环境所产生的生态产品具有公益性，不能直接给生态环境的建设与保护者带来经济补偿。这种投入与收益之间的不确定性、不对称性，使社会对生态产品价值的认识不统一，导致重资源开发而轻资源保护，或者重生态保护而片面限制资源开发，不仅造成资源浪费和环境破坏，削弱自然生态系统修复能力，而且降低了生态产品的有效供给，使生态产品价值难以全面实现。

### 2. 生态产品供给能力不强劲

自 20 世纪 90 年代以来，安徽省先后实施了一系列大规模造林绿化工程，森林资源得到快速发展，但与生态文明建设和人民对美好生态环境的需求相比还存在较大差距。安徽省仍是一个森林资源总量不足、生态环境比较脆弱的省份，森林覆盖率居全国第 18 位，森林蓄积量居全国第 19 位。森林质量不高，优质生态产品供给不足，生态屏障仍然脆弱。

### 3. 生态产品价值实现机制不健全

安徽省林业生态产品价值实现所涉及的调查监测、价值评价、经营开发、生态补偿、实施保障、推进机制都不太完善。调查监测机制中还没有建立林业生态产品目录清单；经营开发机制中还没有形成安徽省特色林业生态产品价值实现模式，还没有建立产品认证制度和质量追溯制度；生态补偿机制目前仍以中央对地方或者省对市、县的纵向生态公益林转移支付为主，地区间横向生态补偿还没有开展起来；评价机制、实施保障机制和推进机制还在探索中。

## 四、主要设想和建议

### （一）着力提升生态产品供给能力

#### 1. 优化林业规划布局

一是在实施《安徽省林业保护发展“十四五”规划》的基础上，加快完成《安徽省林地保护利用规划（2021—2035 年）》《安徽省湿地保护利用规划（2021—2035 年）》《安徽省自然保护地保护发展规划（2021—2035 年）》等林业生态空间专项规划的编制。二是大力开展生态产品科普、生态产品的展示和宣传活动，引领全社会对生态产品有价认识。三是全面划定造林绿化空间地块，健全国土绿化动员机制，创新全民义务植树尽责形式，鼓励和引导全民通过认建、认养、认护、认捐等方式参与造林绿化，并建立相应的林权归属确认、利益保护和价值实现机制。四是全面实施长江、淮河、江淮运河、新安江生态廊道建设工程，早日建成全省骨干生态网络体系。

#### 2. 强化生态保护修复

一是以生态保护修复为抓手，持续开展森林、湿地、生物多样性等重要生态系统保护行动。二是加大重点、敏感地带生态修复治理力度，聚焦森林保护恢复与质量提升，实施森林抚育、低产林改造、林相改造提升工程等。三是积极探索“山水林田湖草沙冰”综合治理、系统治理、源头治理的新模式，大力提升区域生态系统服务功能。四是加快完成自然保护地整合，努力创建黄山国家公园，建立以国家公园为主体的自然保护地体系，实施严格的生态保护红线制度。五是加强重要湿地、一般湿地、小微湿地保护修复，健全湿地保护网络、分级管理、监测评估和信息发布体系。六是全面保护野生动植物及其生境，建立陆生野生动物疫源疫病监测防控体系。

3. 聚力发展绿色产业

依托安徽省良好的自然生态禀赋，按照“生态产业化、产业生态化”要求，在发展特色经济林、木本油料、林下经济及木质资源综合利用的基础上，聚力发展绿色有机森林食品、小品种林产品等优势产业，大力发展生态旅游、森林康养等现代服务业，加快形成皖北木质林产品综合利用、皖东特色经济林、皖中苗木花卉、皖西油茶、皖南生态旅游等林业产业集群，全面构建绿色生态经济产业体系。

4. 着力建设绿色品牌

着力培育林业市场主体，做大做强林业龙头企业，加强林业品牌企业建设，培育地方特色林业品牌。开展森林生态标志产品认证，加强林产品质量安全监管和林产品标准体系建设。加快国家苗木交易信息中心建设，发挥合肥苗木花卉交易大会平台作用，提升安徽苗木花卉产品的市场竞争力。对宁国山核桃、宣州木瓜、砀山酥梨、大别山猕猴桃、怀远石榴等特色产品进行改造升级，积极创建更多独具特色的区域品牌、企业品牌、行业品牌。通过品牌产品跨区域交流合作，实现生态产品价值，保持绿水青山的颜值与金山银山的价值有机统一，保持生态产品价值的高起点、高质量和可持续转化，协同推进生态文明建设和乡村振兴发展。

5. 努力搭建交易平台

探索制定林业碳汇交易政策，启动江南林业产权交易所碳汇交易平台，开展林业碳汇交易试点，在碳达峰碳中和中实现生态产品的价值。鼓励省内重点碳排放企业与林区森林培育企业合作开发林业碳汇项目，开展林业碳汇市场交易。以岳西县、霍山县、旌德县和湾沚区“绿水青山就是金山银山”实践创新基地创建为基础，构建林权交易、碳汇交易及其他自然资源交易一体化的生态资源和生态产品交易平台，实现生态资源资本化和生态产品价值增值。

## （二）加快建立林业生态产品价值实现机制

### 1. 建立林业生态产品调查机制

一是加快构建林业碳汇计量监测体系，开展林业固碳能力调查监测、森林增长及其固碳增汇能力评估等工作，建立森林、湿地、草地、木质林产品等林业碳库现状及动态数据库，定期发布计量数据和监测成果。二是开展林业生态产品基础信息调查，摸清林业生态产品数量、质量等底数，形成生态产品目录清单。三是建立林业生态产品动态监测制度，及时掌握林业生态产品数量分布、质量等级、功能特点、权益归属、保护和开发利用情况，建立开放共享的林业生态产品信息云平台。

### 2. 建立林业生态产品价值评估机制

一是建立森林资源资产评估定价机制，发布一批森林资源资产评估权威机构。二是建立覆盖全省的林业生态产品价值统计制度；探索建立林业生态产品价值核算方法和价格形成机制；先行开展林业生态产品实物量核算试点，再探索经济价值核算、制定林业生态产品价值核算规范。三是推动林业生态产品价值核算结果在生态保护补偿、经营开发融资、生态资源权益交易等方面的应用。四是建立生态产品价值核算结果发布制度，适时评估各地生态保护成效和生态产品价值。五是开展生态环境损害评估，健全生态环境损害鉴定评估方法和损害赔偿机制。

### 3. 健全林业生态产品经营开发机制

一是实行公益林和商品林分类经营，编制森林经营方案，大力实施公益林保育、用材林培育、经济林增效、退化林修复、国家储备林建设、退耕还林成果巩固提升等工程，精准提升森林质量。二是开展森林认证，加强森林生态系统的质量监测和健康评价。三是通过传统媒体和互联网等渠道，加大林业生态产品宣传推介力度。四是发挥电商平台资源、渠道优势，推进更多优质林业生态产品网上交易。

**4. 健全林业生态产品保护补偿机制**

逐步提高公益林补偿标准，建立与财力相适应的动态调整机制。完善天然林停止商业性采伐的补助、公益林补偿、古树名木保护补助等机制。探索建立自然保护区内集体林地政府租赁、异地置换和核心保护区原住民有序搬迁等制度。鼓励市、县政府依法统筹林业生态转移支付资金，设立地方林业发展基金，支持林业生态保护修复工程建设。鼓励地方政府间开展横向生态保护补偿。

**5. 健全林业生态产品价值实现保障机制**

引导各地建立多元化资金投入机制，合力推进生态产品价值实现。探索“生态资产权益抵押＋项目贷”模式，鼓励银行机构创新金融产品和服务，加大对林业经营开发主体中长期贷款支持力度。探索林业生态产品资产证券化路径和模式。启动实施科技强林工程，开展“山水林田湖草沙冰”系统治理技术研究与林业生态产品价值实现机制研究。建立长三角区域林业生态经济一体化发展合作机制，落实长三角森林旅游和康养产业区域一体化发展战略合作协议，推进长三角生态优先绿色发展产业集中合作区建设。

**6. 建立林业生态产品价值实现推进机制**

明确各级党委和政府是推动林业生态产品价值实现的责任主体，探索将林业生态产品总值指标纳入各级党委和政府高质量发展综合绩效评价指标体系。推动将生态产品价值核算结果作为领导干部自然资源资产离任审计的重要参考。落实党政领导干部生态环境损害责任终身追究制，对造成森林、湿地和野生动植物资源严重破坏的，严格追究责任。进一步健全以党政领导负责制为核心的林业保护发展责任体系，构建党政同责、属地负责、部门协同、源头治理、全域覆盖的长效机制。

### （三）探索建立安徽省林业生态产品价值实现模式

#### 1. 政府主导驱动模式

对于生态区位重要、生态环境脆弱、需要严格保护的地区，如重点生态功能区、各类保护地、国家公园等，可以应用“政府主导驱动”模式，主要依靠中央和省、市财政生态补偿和转移支付来保障生态产品价值的可持续供给。同时，依托自身生态环境优势，发展高端化、集约化、高附加值的生态产业，作为生态产品价值实现的补充途径。

#### 2. 政府市场双驱模式

对于经济社会发展水平较高、生态区位一般、生态环境较好的地区，可以应用“市场主体驱动”模式。充分发挥市场主体作用，依靠当地生态环境优势，发展生态产业，提高生态产品规模，打造生态产业名片，提高产品和服务的知名度，将生态优势转化为经济优势，实现社会发展、农民增收和生态美好协同发展。

#### 3. 市场主体驱动模式

对于经济社会发展水平高、区位优势好、生态环境优良的地区，可以应用“市场主体驱动”模式。一方面，充分发挥地方经济发达、财政实力较强的优势，政府财政在生态保护补偿和转移支付方面投入更多资金，不断提高补偿标准，购买更多生态产品，让生态产品转化为物质和文化服务，供全体民众共享。另一方面，探索利用政府生态保护补偿资金引导社会资本投入生态保护补偿的机制，积极开展排污权、碳排放权、用能权、节能量权等的有偿使用和交易，鼓励金融企业创新金融产品，支持林业生态产品生产和交易，形成以生态林业基地建设为基础，森林食品、生态旅游、森林康养、文化创意等创新业态为重要补充的生态产品价值转化模式，促进一、二、三产业融合发展，不断提高林业生态产品价值。

## 作者简介

邱辉，男，1961年生，南京林业大学森林培育专业博士研究生，现任安徽省林学会理事长，曾任安徽省林业局副局长。1982年参加工作以来，一直从事林业科学技术研究、林业行政管理、林业发展政策研究和规划制定等工作，先后在安徽省林业科学研究院、安徽省林业外资项目办公室和安徽省林业局工作。曾由联合国开发计划署资助赴土耳其国家研究所进修，由世界银行资助赴美国学习，由中国科学技术协会选拔赴德国培训学习。曾担任中德财政合作国际咨询评标专家、德国UNIQ咨询公司签约毛竹生物多样性评估专家。获得过省部级科学技术进步奖、梁希林业科学技术奖等奖项，在生态保护修复、森林资源管理、生态产业富民、林业国际合作交流、林业改革发展、乡村振兴和生态文明建设等方面，具有丰富的实践经验和较深的理论思考。

肖斌，男，安徽省林业科技推广总站站长、正高级工程师。

郭祥胜，男，安徽省林业调查规划院正高级工程师。

马永春，男，安徽林业职业技术学院副院长、正高级工程师。

吴中能，男，安徽省林业科学研究院副院长、研究员。

杨婷婷，女，安徽省林业科学研究院助理研究员。

# 丘陵红壤区杉木林地力及土壤关键过程对经营管理的响应

陈伏生

（江西农业大学林学院院长、教授）

## 一、研究现状与背景

### （一）人工林地力维持和提升的理论与技术

中国人工林面积全球第一，占全球人工林面积的 1/3，在木材供给、水源涵养和固碳增汇等方面发挥着关键作用，但也存在林分质量差、结构不合理、生产力低和生态服务功能弱等突出问题。新形势下，我国人工林将从追求木材产量的单一目标经营转向提升生态系统服务质量和效益的多目标经营，以满足人类对森林多种效益的新需求和林业应对气候变化等新任务。在适地适树和良种良法等基本原则的指导下，如何应用新思路、新手段来完善人工林培育及经营的理论，创新培育及经营技术是当务之急。

本研究突破以土壤养分供给作为单维指标的局限，构建了基于土壤、凋落物和树木生态化学计量关联的杉木林地力评价指标体系，集成创新了养分限制与配方施肥、养分归还与林下管理、养分回收与林分改造的三维地力提升理论框架。该理论

* 2021 年 11 月，第七次全国土壤生态健康学术研讨会上的特邀报告。

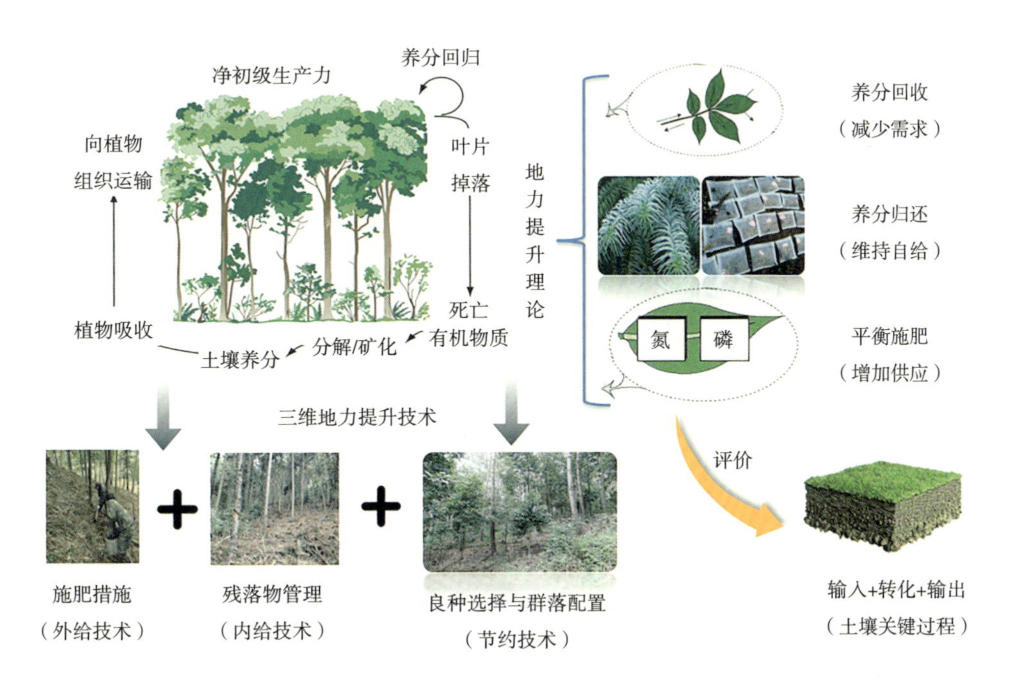


**图 1 丘陵山区杉木林三维地力提升理论和技术框架**

和技术助益于江西人工林林质、林相提升，推动人工林培育及经营理论和技术的跨越式发展（图 1）。

## （二）氮沉降和施磷肥对人工林地力的影响

自 20 世纪 50 年代以来，随着化石燃料燃烧和肥料施用等人类活动的增多，大气氮沉降呈迅速增加的趋势。南方丘陵红壤区更是氮沉降中心区，且面临酸性土和酸沉降双重胁迫。氮沉降对我国森林生态系统的影响十分明显，氮沉降会直接或间接加速土壤酸化速度，从而影响整个土壤环境；氮沉降同样会影响微生物群落结构和分解、凋落物分解、土壤养分循环、森林生产力，从而对整个生态系统的结构和功能产生巨大影响。

与大量和多途径的人为活性氮输入不同，磷的来源十分有限，主要来自矿物岩石的风化，导致土壤有效磷往往供给不足。在中国亚热带，酸性红壤还极易造成水溶态磷的固定，加重磷的限制性。值得注意的是，氮沉降也可通过改变土壤 pH 值、磷酸酶活性以及阳离子流动性等途径影响磷循环，进而加剧森林生态系统中氮磷失衡。这些因素一起增加了南方富氮缺磷森林生态系统的不确定性。为此，外源施磷肥是缓解土壤磷限制的重要措施之一。

### （三）凋落物归还和林下植被管理对人工林地力维持的贡献

凋落物分解是植物有机残体内的养分在微生物作用下归还土壤供植物生长利用的过程，凋落物分解是决定森林养分内循环的关键过程。同时，凋落物分解是森林实现土壤自肥的重要机制。凋落物中释放的矿物质元素占土壤养分元素的60%以上，凋落物每年通过分解归还土壤的氮、磷量分别占人工林生长所需的 70% 和 65% 以上。可见，凋落物在改善人工立地条件、增加养分供应和提高林地生产力等方面均具有不可替代的作用。

林下植被生物量可占到森林总生物量的 20%，而以往的研究其重要性往往被忽略。近年来，关于人工林林下植被方面研究增多，体现林下植被是人工林的一个主要组成部分。有研究证明，林下植被可以改变微气候，影响养分周转，为生态系统提供强有力的支持运行，在保持人工林林地生物多样性、维护林地生产力、稳定土壤结构等方面具有重要的作用。

### （四）杉木林及其地力维持的重要性和必要性

杉木是我国南方重要的速生造林树种，江西是杉木主产区，栽培历史悠久，分布面积为 259.2 万 $hm^2$，蓄积量为 14 528.7 万 $m^3$。杉木不仅是重要的木材与纤维资源，在水源涵养、养分固持及气候调节等生态服务功能方面同样发挥着重要的作用。随着杉木的社会需求和栽种技术水平的不断发展，我国杉木人工林的种植面积、产量不断扩大，但杉木人工林的可持续经营遇到了诸多问题，例如：林地不合理的经营导致土壤肥力下降、地力衰退；林分结构单一导致林分生产力、稳定性、抗御病虫害，以及发挥森林多种效益方面能力明显下降；林分生态效能普遍较低；等等。

在杉木多目标需求不断增长的新时期，杉木林面临“三高协同”的挑战。一是如何持续高产；二是在生态保护、生态优先的要求下如何做到高效；三是林民小康的需要如何实现高值。为此，生态文明建设背景下，杉木林合理经营和管理的理论和技术创新成为践行“两山”理念和助力山区脱贫的关键。

## 二、研究材料与方法

### （一）研究区概况

本试验研究地位于江西省泰和县中国科学院千烟洲实验基地（26° 44′ 45″ N，115° 04′ 01″ E），该地为典型的酸性红壤丘陵地带形，土壤类型主要有红壤、水稻土等，土壤由红砂岩、砂岩等风化而成，海拔多为 30 ～ 100 m，坡度多在 10° ～ 30° ；该地为典型的亚热带季风性湿润气候，四季分明，生长季气温维持在 25 ℃以上，非生长季气温在 0 ℃左右，年平均气温 17.9 ℃，热量丰富，光能充足，年均降水量 1 600 ～ 1 700 mm，年相对湿度约为 88.8%，无霜期 323 d。

### （二）杉木林氮、磷添加长期试验平台

2011 年末，在试验基地选取地势平坦、生长发育良好杉木林进行氮、磷添加施肥处理。试验采用随机区组设计，共设置 5 个区组，每个区组设置 6 个 20 m × 20 m 的样地，随机进行以下 6 种处理：CK（对照）、低氮处理［50 kg 氮 /（$hm^2$ · a）］；高氮处理［100 kg 氮 /（$hm^2$ · a）］；磷处理［50 kg 磷 /（$hm^2$ · a）］；低氮 + 磷处理［50 kg 氮 /（$hm^2$ · a）+50 kg 磷 /（$hm^2$ · a）］、高氮 + 磷处理［100 kg 氮 /（$hm^2$ · a）+ 50 kg 磷 /（$hm^2$ · a）］，即 6 种处理 5 次重复，共计 30 个样地。样地设置后，每年施肥分 4 个季度进行。

## （三）杉木林凋落物与林下植被管理长期试验平台

2013 年 3 月，在立地条件相似的杉木人工林中，选取 16 块 15 m×15 m 的样地，按 4 种处理、4 次重复，布设凋落物添加和林下植被去除处理。每个处理样方间隔大于10 m。具体方法如下：①植被去除，将样方内的林下植被割倒并移出样方；②凋落物添加，样地附近划分相同面积相近条件的杉木林，收集其中的凋落物，均匀撒落至该样地内；③林下植被去除＋凋落物添加，将样方内的林下植被割倒并移出样方，样地附近划分相同面积相近条件的杉木林，收集其中的凋落物，均匀撒落至该样地内；④对照，保持原状。

## （四）研究思路与技术路线

本研究以实现杉木林高产高效高值协同为目标，针对杉木林地力差、经营管理技术不足等问题，开展杉木林三维地力提升理论与技术创新，以及杉木林三高协同一体化培育技术和监测平台的研究，形成了“四三二”的研发体系，重点关注土壤养分输入、转化、输出 3 个关键过程。项目成果为江西人工林地力精准提升，推动人工林培育及经营理论和技术的创新发展作出了贡献（图 2）。

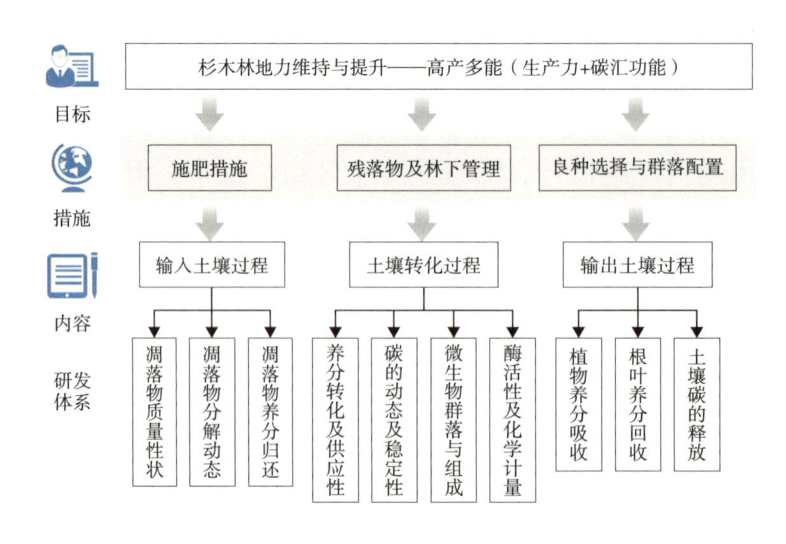


图 2　总体思路框架图

## 三、有关输入土壤过程的结果

### （一）凋落物质量性状

凋落叶化学计量比被认为是表征凋落叶质量和控制凋落率的重要特征。施肥降低了凋落叶碳氮比，凋落叶质量提高；凋落叶碳磷比因磷添加而降低（图 3）。细胞壁碳水化合物是预测凋落物分解能力的有效指标。凋落叶总碳水化合物含量随磷添加而降低（图 4）。

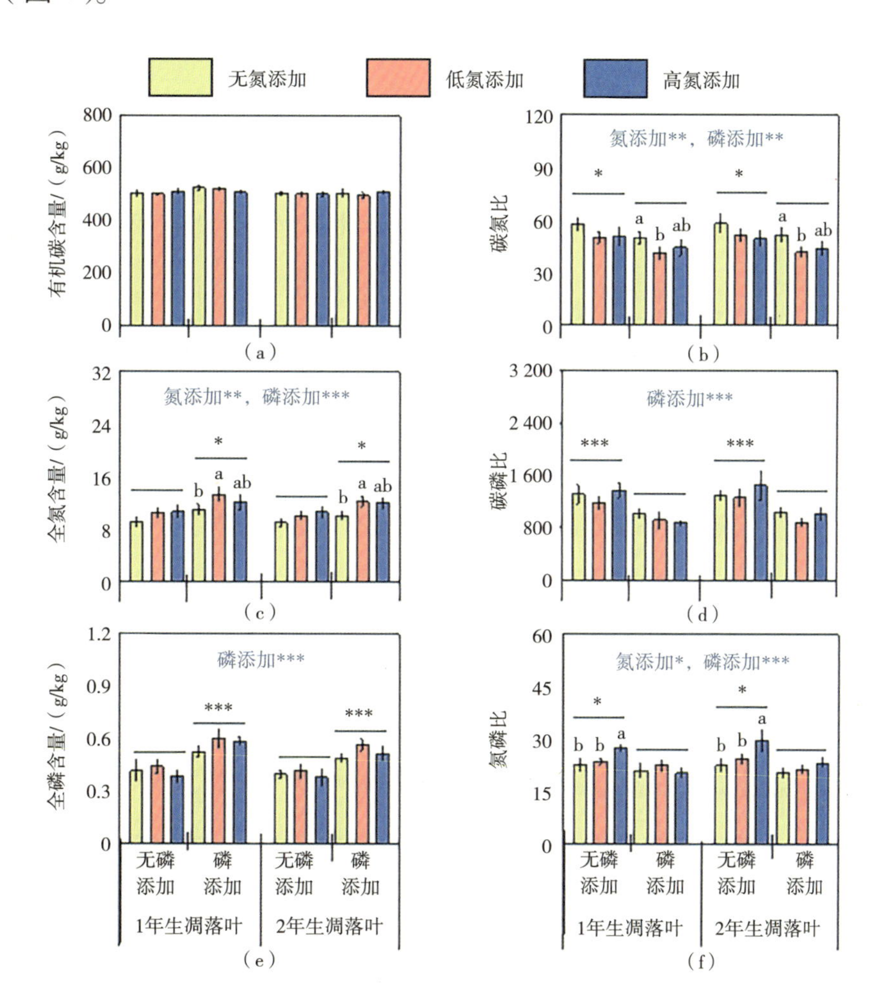


**图 3　施肥对杉木不同年龄凋落叶碳、氮、磷含量的影响**

注：图中误差棒上 a、b 不同小写字母表示处理间差异显著（$P<0.05$）；*、** 和 *** 分别表示 $P<0.05$、$P<0.01$ 和 $P<0.001$。

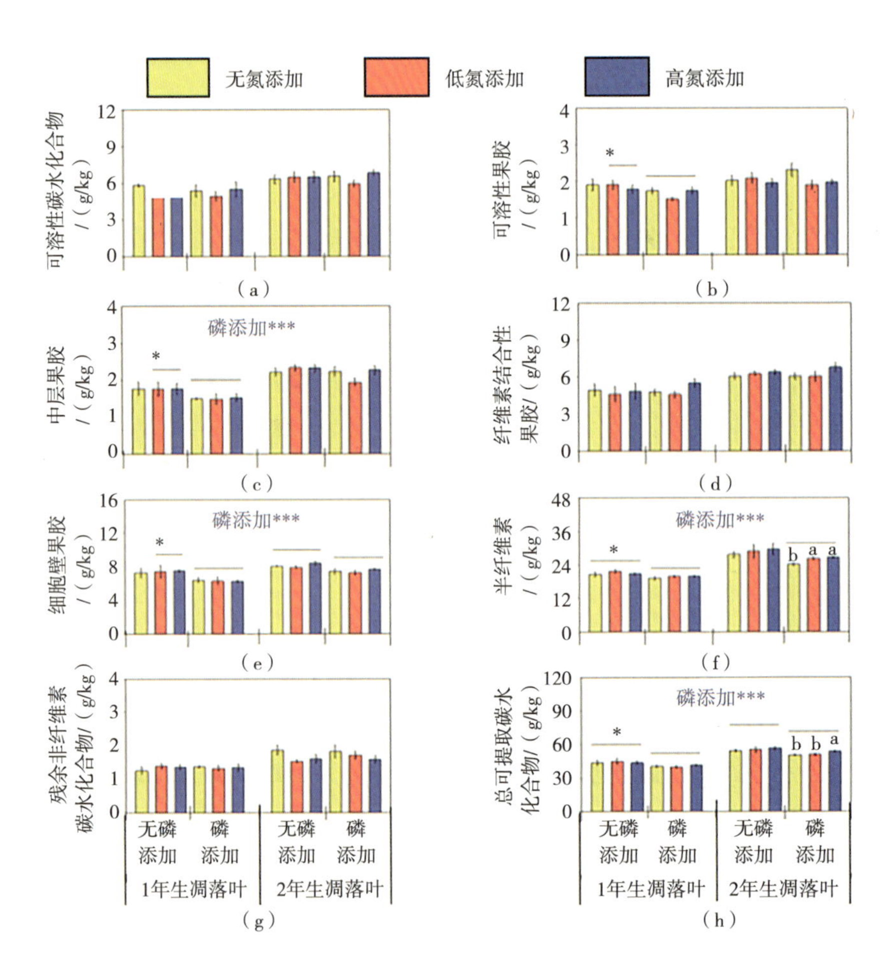


**图 4　施肥对不同年龄杉木凋落叶细胞壁碳水化合物组分的影响**

注：图中误差棒上 a、b 不同字母表示处理间差异显著（$P<0.05$）；*、** 和 *** 分别表示 $P<0.05$、$P<0.01$ 和 $P<0.001$。

## （二）凋落物分解动态

凋落物分解受外界环境因素的影响，且其对环境变化有不同的响应。氮添加抑制凋落叶分解，非氮养分添加增强了氮添加的抑制作用；且这种抑制作用更多发生在高质量的凋落叶上，低质量的凋落叶通常会固定更多的氮（图 5）。

凋落物在分解过程中有明显的时间动态。凋落叶分解速率呈现“慢—快—慢”的趋势（图 5）；施肥整体上加速了凋落叶的分解，且有磷添加处理后分解的速率更快，这可能与亚热带生态系统普遍受磷限制有关（表 1）。

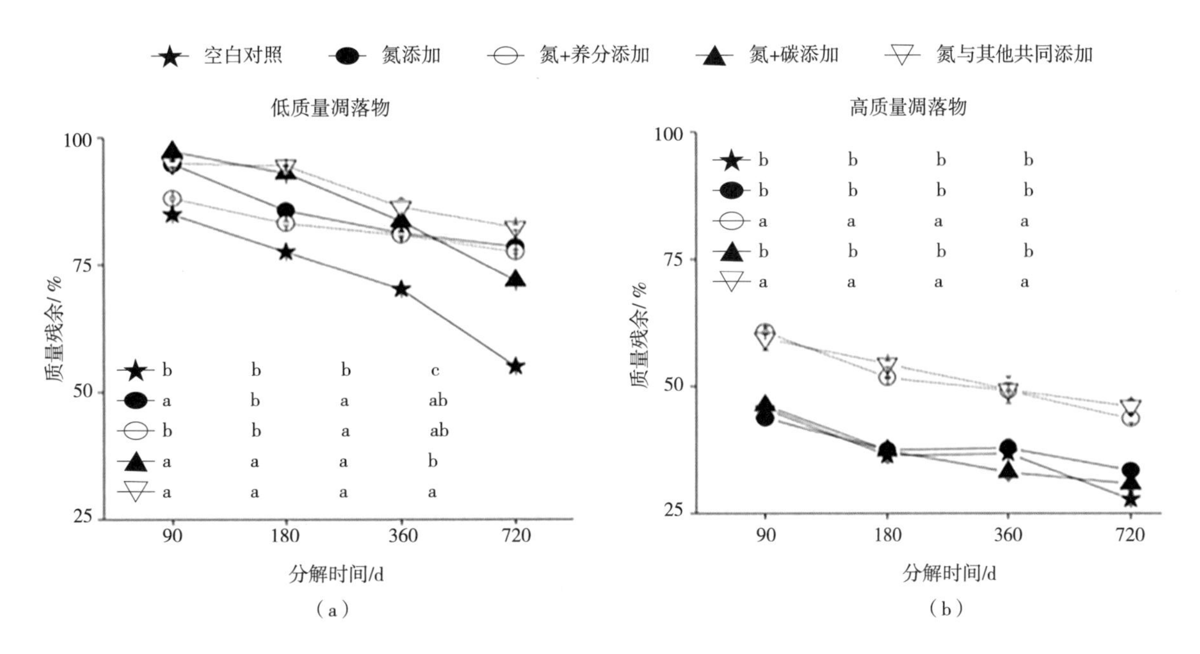


**图 5　施肥对杉木凋落物分解动态的影响**

注：图中 a、b、c 不同小写字母表示处理间差异显著（$P < 0.05$）。

**表 1　施肥驱动的凋落叶质量对其分解系数和分解时间的影响**

| 处理方式 | Olson 指数 | $k$/d | $R^2$ | $T_{50\%}$ /a | $T_{95\%}$ /a |
|---|---|---|---|---|---|
| 空白对照 | $y = 101.95e^{-0.0009t}$ | 0.0009 | 0.9187 | 2.14 | 9.25 |
| 低氮添加 | $y = 102.90e^{-0.0010t}$ | 0.0010 | 0.8919 | 1.92 | 8.32 |
| 高氮添加 | $y = 105.00e^{-0.0011t}$ | 0.0011 | 0.8674 | 1.75 | 7.56 |
| 磷添加 | $y = 103.37e^{-0.0012t}$ | 0.0012 | 0.9123 | 1.60 | 6.93 |
| 低氮 + 磷添加 | $y = 104.54e^{-0.0012t}$ | 0.0012 | 0.8888 | 1.60 | 6.93 |
| 高氮 + 磷添加 | $y = 104.66e^{-0.0014t}$ | 0.0014 | 0.9091 | 1.38 | 5.94 |

注：$k$ 代表分解系数；$T_{50\%}$ 代表凋落物分解 50% 的平均时间；$T_{95\%}$ 代表凋落物分解 95% 的平均时间。

凋落物添加和林下植被管理通过改变土壤理化性质影响凋落物分解。林下植被去除和凋落物添加显著降低了凋落叶、枝及总凋落物的分解速率，且林下植被去除对凋落物分解速率的抑制作用强于凋落物添加。这可能与杉木凋落物本身的性质有关（图 6）。

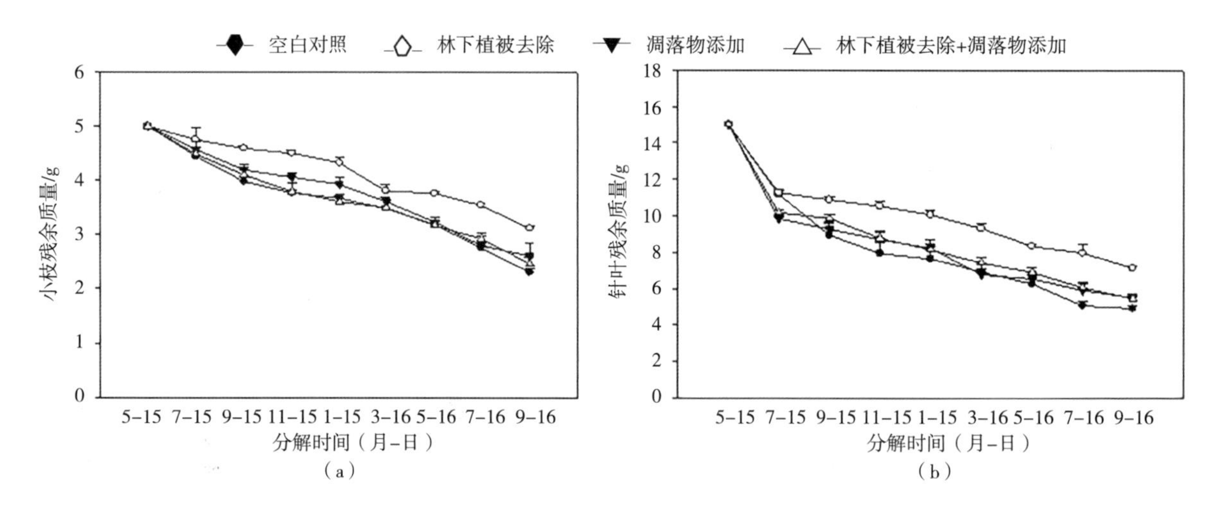


**图 6 凋落物和林下植被管理对杉木凋落物分解动态的影响**

## （三）凋落物养分归还

野外原位氮、磷添加试验发现，凋落叶氮释放过程在无氮或低氮添加后表现为"富集—释放"过程，而在高氮添加后则表现为释放过程。这可能是由于南方生态系统氮有效性相对较高。磷含量低的凋落叶在分解过程中磷富集作用较强，可能与亚热带地区生态系统受磷限制有关（图 7）。

凋落物和林下植被管理试验表明，凋落物磷元素一直处于富集状态；氮元素和有机碳表现为"释放—富集"波动；林下植被去除和凋落物添加对凋落物氮、磷元

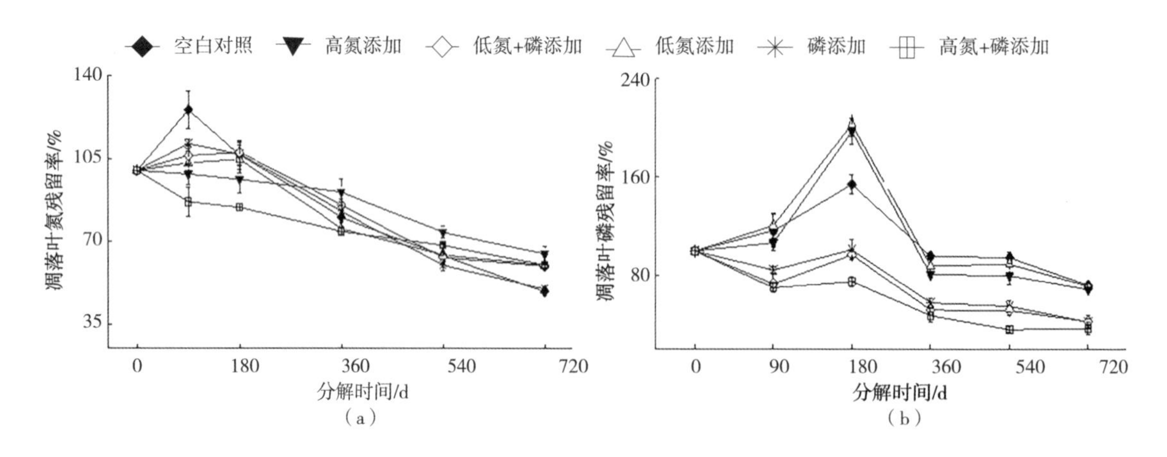


**图 7 施肥对杉木凋落物养分归还动态的影响**

素的释放都有一定的抑制作用。同时，林下植被去除显著限制了凋落物枝叶的分解，可能与杉木凋落物本身难以分解有关（图 8）。

可见，外源养分输入和凋落物分解是人工林输入土壤物质的两大主要渠道；凋落物分解养分和有机碳归还是反映人工林自肥能力即维持地力的重要指标；外源磷添加可改善凋落物质量和增加凋落物量，增强亚热带人工林的自肥能力，从而有利于逐步提升地力。

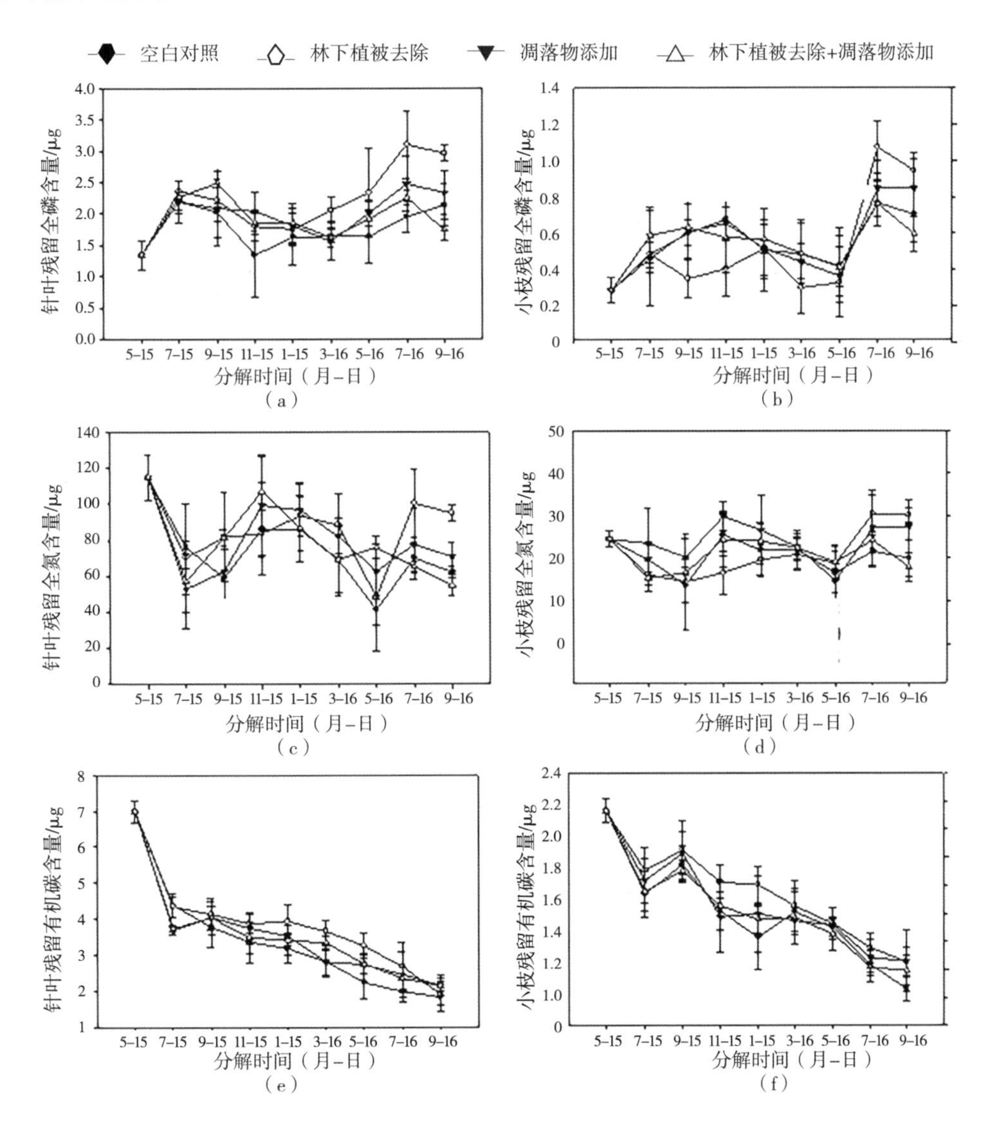


**图 8　凋落物和林下植被管理对凋落物养分归还动态的影响**

## 四、土壤转化过程的研究结果

### （一）土壤养分转化及供应性

野外原位氮磷添加试验表明，养分添加增加了土壤有效养分供应，且磷添加可通过增强氮吸收而降低有效氮含量。同时，氮添加还会降低土壤中有效金属含量（图 9）。凋落物和林下植被管理试验发现，凋落物添加会改善土壤碳的数量和质量，而林下植被清除则通过加速氮矿化增加氮供应（图 10）。

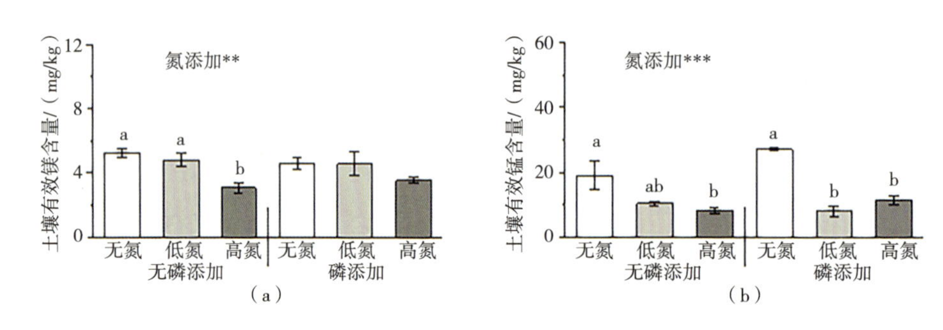


**图 9　施肥对杉木林土壤微量元素供应的影响**

注：图中误差棒上 a、b 不同小写字母表示处理间差异显著（$P<0.05$）；*、** 和 *** 分别表示 $P<0.05$、$P<0.01$ 和 $P<0.001$。

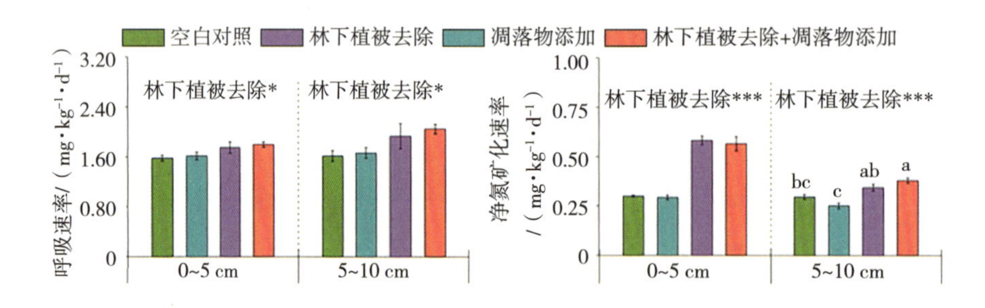


**图 10　凋落物和林下植被管理对杉木森土壤呼吸和净氮矿化速率的影响**

注：图中误差棒上 a、b 不同小写字母表示处理间差异显著（$P<0.05$）；*、** 和 *** 分别表示 $P<0.05$、$P<0.01$ 和 $P<0.001$。

### （二）土壤有机碳的动态及稳定性

通过施肥试验发现，磷可以促进杉木林土壤有机碳的固存，这可能与亚热带地区土壤普遍受磷限制有关（图 11）。多年林下管理试验发现，凋落物添加增加土壤二氧化碳的释放，但并不影响土壤碳的矿化（图 12）。氮、磷添加整体上增加了土壤中微生物源有机碳的积累。同时，氮添加增加了新鲜有机质向土壤脂肪酸中的输入，而磷添加有利于土壤中来源于脂肪酸的有机碳积累（图 13）。

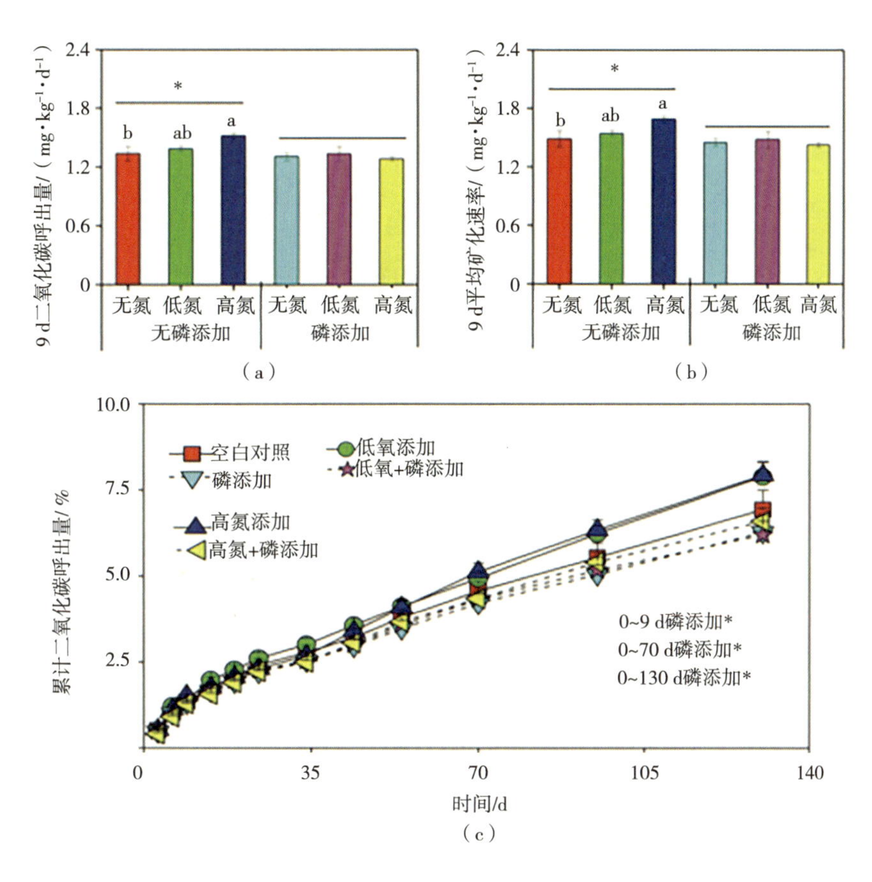


**图 11 施肥对土壤二氧化碳释放的影响**

注：图中误差棒上 a、b 不同小写字母表示处理间差异显著（$P < 0.05$）；*、** 和 *** 分别表示 $P < 0.05$、$P < 0.01$ 和 $P < 0.001$。

### （三）土壤微生物群落、组成及酶活性

通过施肥试验发现，施肥显著改变细菌群落结构，其中氮添加增加了绿弯菌门的相对丰度，而磷添加导致微生物中真菌生物量和酶活性的增加。

通过凋落物和林下植被管理试验发现，微生物对凋落物添加比去除更敏感；微生物生物量对凋落物添加和去除都表现出正响应，但大多数酶的活性则相反。添加

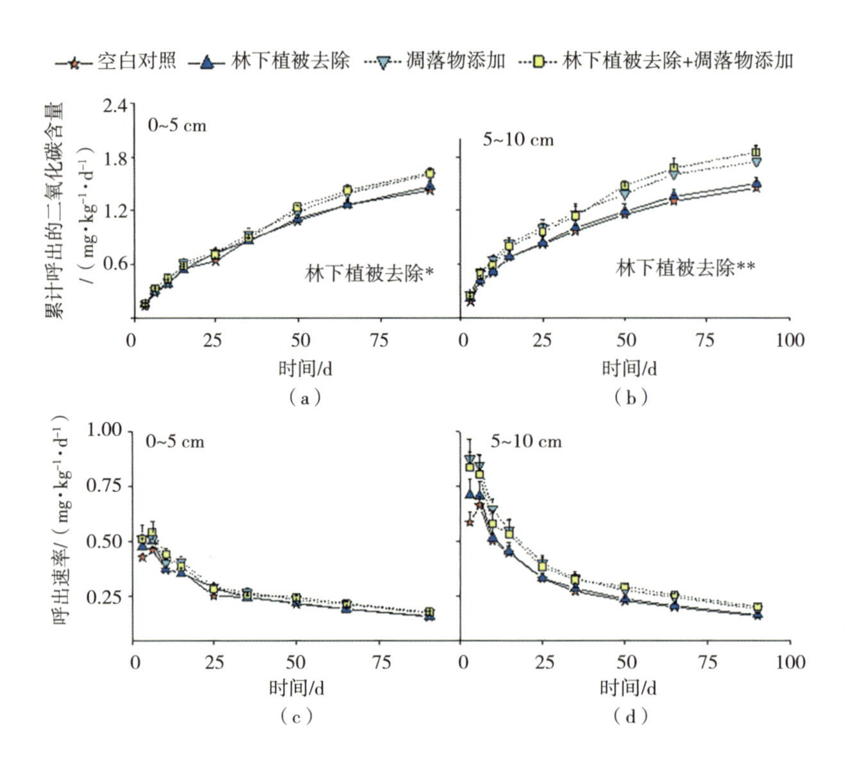


**图 12 凋落物和林下植被管理对土壤二氧化碳释放的影响**

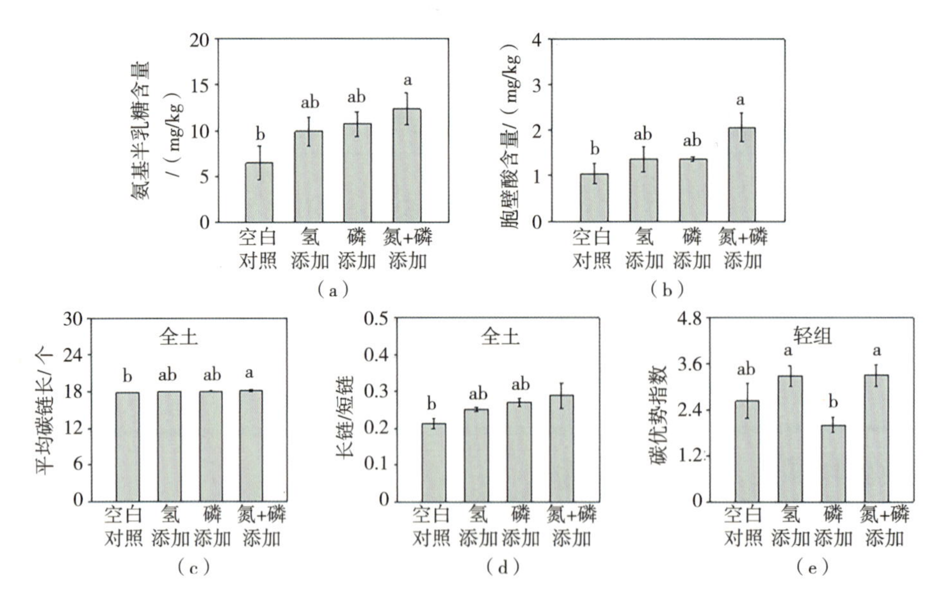


**图 13 施肥对杉木林土壤氨基糖及长短链脂肪酸的影响**

注：图中误差棒上 a、b 不同小写字母表示处理间差异显著（$P$< 0.05）；*、** 和 *** 分别表示 $P$< 0.05、$P$< 0.01 和 $P$< 0.001。

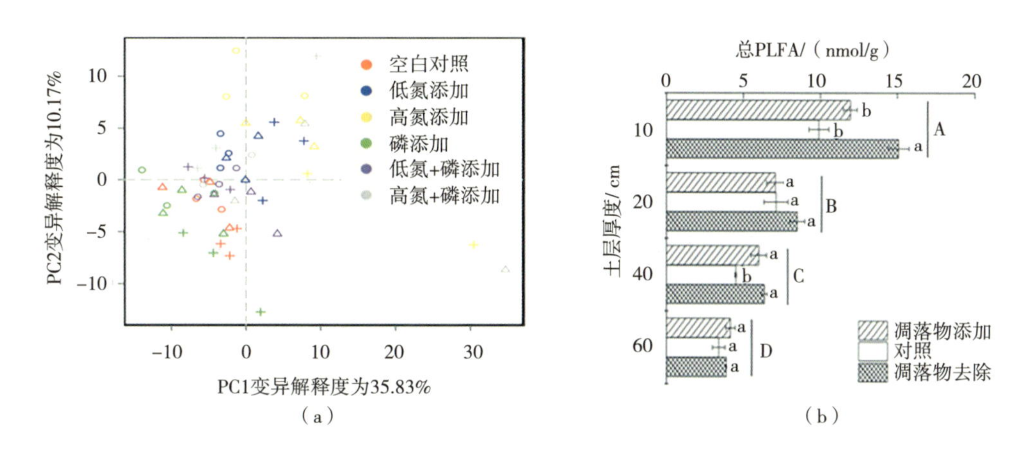


**图 14 施肥、凋落物与林下植被管理对杉木林土壤微生物群落与组成的影响**

注：图中 A、B 不同大写字母表示不同土层厚度之间的显著差异；图中 a、b 不同小写字母表示在相同土层不同凋落物处理间的显著差异（$P$< 0.05）。

凋落物对土壤酶活性有正效应，而凋落物去除则相反；酶活性均随土壤深度的增加而降低，土壤酶化学计量学更依赖于土壤深度而不是凋落物处理（图 14）。

总之，土壤碳、氮、磷动态受控于外源养分添加和残落物管理措施，且响应模式具有较好的一致性；土壤微生物和酶活性对人为干扰和环境变化响应的时空动态具有不确定性。这为解释土壤养分动态变化的机理提供了多维路径。土壤本身是一个复杂的生态系统，森林地力提升的生物学机理与人工林地力提升之间的关系，仍需深入研究。

## 五、输出土壤过程的研究结果

### （一）植物养分吸收

通过氮磷添加试验发现，施肥可提高树木组织器官的氮、磷吸收和积累（图 15）；施磷肥可提高杉木对微量元素的吸收和迁移。氮添加可通过间接降低非结构碳水化合物和光利用率来抑制林下植物的生长。凋落物去除可提高林下植物根系全氮和全磷含量（图 16）。

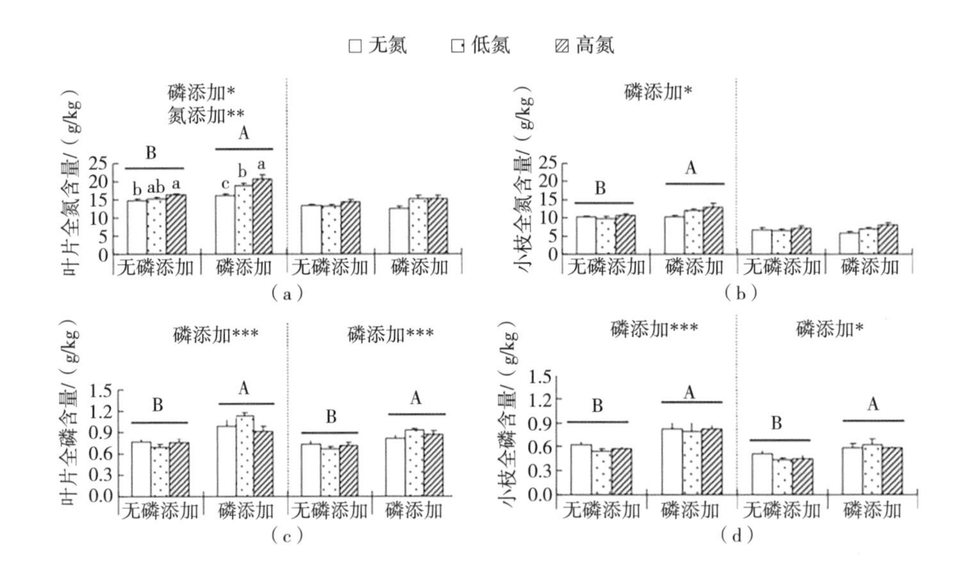


**图 15　施肥对杉木枝叶养分含量的影响**

注：图中 A、B 不同大写字母表示不同梯度磷添加之间的显著差异；图中 a、b 不同小写字母表示在不同梯度氮添加间的显著差异（$P$< 0.05）；*、** 和 *** 分别表示 $P$< 0.05、$P$< 0.01 和 $P$< 0.001。

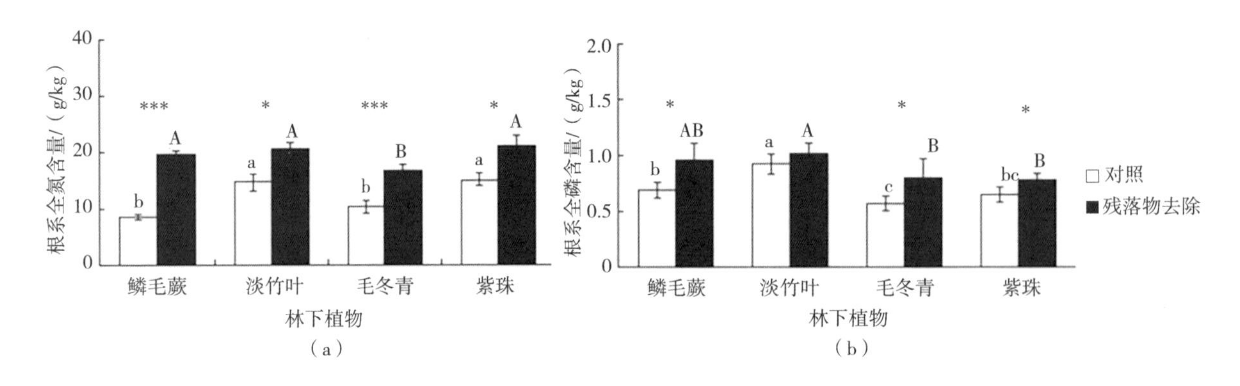


**图 16　凋落物与林下植被管理对杉木根系养分含量的影响**

注：图中 A、B 不同大写字母表示残落物去除组不同植物之间的差异显著；图中 a、b 不同小写字母表示对照组不同植物之间的差异显著（$P$< 0.001）；*、** 和 *** 分别表示 $P$< 0.05、$P$< 0.01 和 $P$< 0.001。

## （二）树木养分回收

通过施肥试验发现，施磷肥会降低叶片养分回收度。叶片养分回收率相对稳定，但新叶回收率高于老叶。施磷肥可提高杉木叶片氮、磷、铁和锰的回收效率（图 17、图 18）。

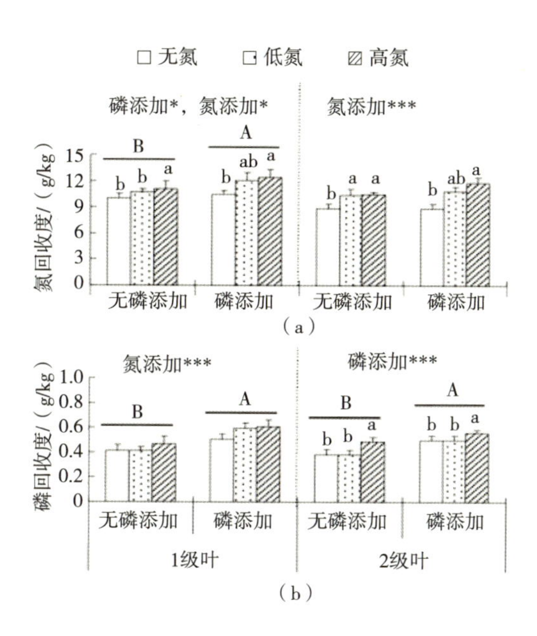


**图 17　施肥对杉木叶片氮、磷回收度的影响**

注：图中 A、B 不同大写字母表示不同梯度磷添加之间的显著差异；图中 a、b 不同小写字母表示在不同梯度氮添加间的显著差异（$P< 0.05$）；*、** 和 *** 分别表示 $P< 0.05$、$P <0.01$ 和 $P< 0.001$。

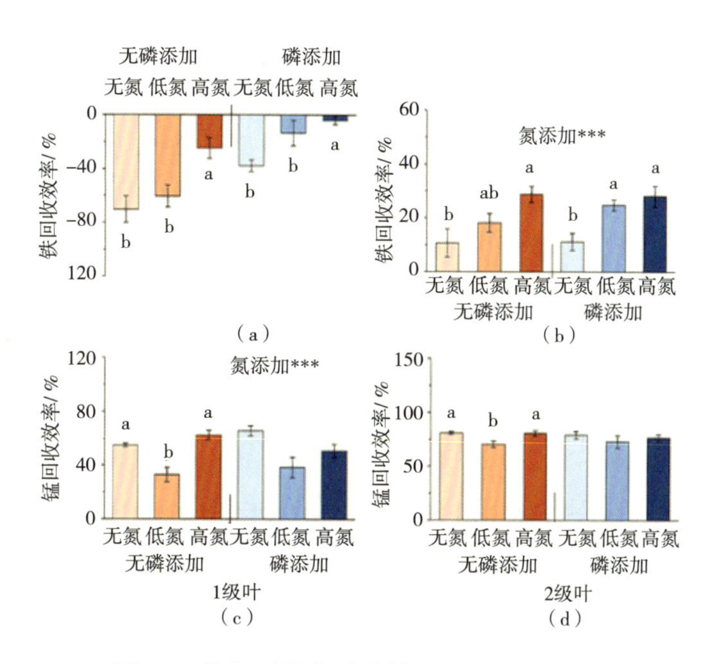


**图 18　施肥对植物叶片铁、锰回收度的影响**

注：图中 a、b 不同小写字母表示处理间差异显著（$P<0.05$）；*、** 和 *** 分别表示 $P<0.05$、$P<0.01$ 和 $P<0.001$。

### （三）土壤碳的释放

通过对施肥平台的连续监测发现，施肥可降低土壤二氧化碳排放，氮添加可显著抑制土壤甲烷吸收，而磷肥添加可提高土壤甲烷吸收而降低一氧化二氮排放（图 19）。

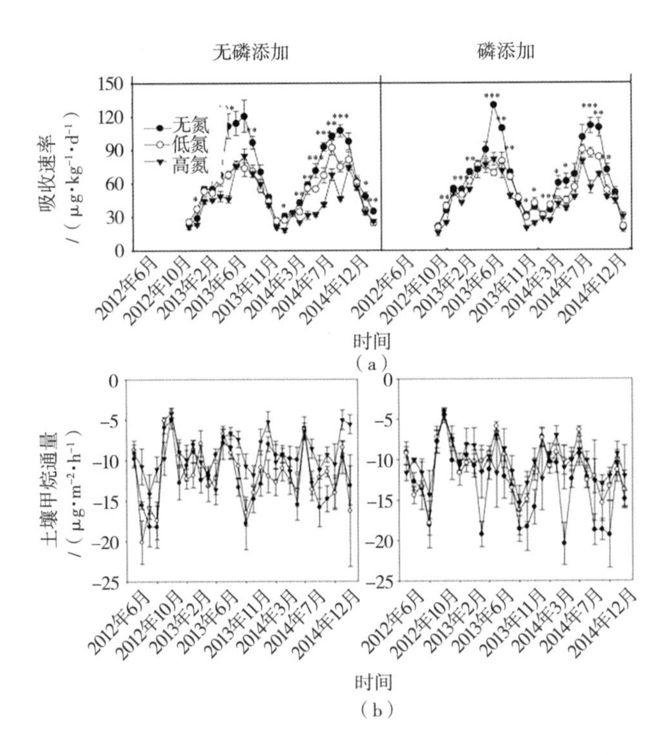


**图 19　施肥对杉木林土壤自养和异养呼吸的影响**

综上所述，植物养分吸收和土壤呼吸是人工林物质输出土壤的两个主要过程，养分回收是减缓物质输入土壤的重要渠道。施肥可以提高杉木养分吸收和生长，却抑制林下植物生长而减缓养分输出，林下植被去除提高杉木生长量和碳固定量，施肥和林下植被去除未明显改变植物养分回收，故输出土壤过程难以表征人工林地力变化。合理经营管理可提高人工林土壤碳汇功能。土壤养分输出过程对人工林地力提升的影响复杂且多维。

## 六、结论与展望

本研究以丘陵山区杉木人工林为对象，以增产、增效和增值为目标，以林地质量提升为理论基础，建立了输入、转化和输出等于一体的土壤生态过程评价方法体系，发现了土壤物理、化学和生物学特性表征杉木人工林地力变化的时空分异特征，揭示了施肥和经营管理驱动下杉木人工林土壤养分耦合的生物学机理，完善了人工林地力维持和提升的理论与技术体系，为新时代高产、高效、高值协同培育人工林提供了研究范式。

通过对输入、转化和输出 3 个土壤关键过程的研究，发现人工林地力维持与提升是多维度的：既可通过外源养分来直接提高土壤养分供应水平；也可合理管理林地凋落物，增强林地自肥能力；还可筛选和配置良种或树种，提高林地养分利用效率，从而维持林地地力，保持长期生产力。这为完善人工林地力维持和提升的理论与技术体系提供了坚实的基础。

## 作者简介

陈伏生，男，1973 年生，江西永丰人，博士，二级教授，博士生导师，江西农业大学林学院院长。入选国家百千万人才工程。获得“国家有突出贡献中青年专家”“全国林业和草原教学名师”等称号，享受国务院特殊津贴专家。主要从事森林培育、森林生态和水土保持等方面的研究。主持承担国家自然科学基金、国家重点研发项目专题基金、归国人员科研启动基金等 40 余项基金项目。发表 SCI 论文 70 多篇，主编出版专著 6 部，授权国内外专利 7 项。主持完成项目成果荣获江西省科学技术进步奖一等奖，江西省自然科学奖二、三等奖，梁希林业科学技术奖二、三等奖等项奖 12 项。

# 生态文明背景下“南竹北移”的三点思考

蓝晓光
（中国林学会竹子分会主任委员、原浙江省林业厅总工程师）

生态文明是人类文明发展的一个新阶段，其核心是实现人、自然、社会三者之间的和谐发展。从 20 世纪 50 年代开始的“南竹北移”，正是在人类发展和可持续利用基础上实施的一项生命工程，不仅具有收入丰厚的经济效益，更有难以估量的生态效益和社会效益。因此，站在生态文明的新起点上，重新回顾和展望“南竹北移”，无疑有着重要的现实意义。

先来看看 2020 年 8 月互联网上关于中联天盛“南竹北植”的故事。中联天盛主要从事建筑工程，是最早来到雄安新区的企业之一。经过市场调研，他们得出了这样一个结论：“南竹北植”符合雄安作为一个“未来之城”“创新之城”的发展理念，要让竹子扎根雄安。针对此理念，一是确立了推动竹产业发展，打造雄安新区竹子全新产业，并借助竹林景观开发“红色文旅”的目标愿景；二是成立了竹子培育技术研究有限公司，落实了 267 $hm^2$ 研发试验田，致力于提升竹子培育技术；三是首批引种了毛竹、龟甲竹等竹种，并开展了手机控制远程灌溉的“智能养护”试验。这个故事给了我们这样一些启示：生态文明背景下，“南竹北移”蕴藏着商机，竹产业和新技术引发关注，但市场对“南竹北移”缺乏了解。对此，笔者特提出三个观

＊ 2021 年 9 月，中国“南竹北移”与黄河流域生态保护和高质量发展学术经验交流会上的特邀报告。

点，供大家讨论。

第一，“南竹北移”是中国竹业史上最伟大的一项工程，它不仅在范围、历时、规模和竹种等方面的突破前所未有，有效缓解了北方地区对竹材的需求，促进了经济和社会发展，更为今后的竹产业发展储备了坚实的栽培理论、种质资源和经营技术。

之所以说“南竹北移”工程伟大，一是地域之广。涉及范围以河南、陕西、山东、山西、辽宁、河北等省为中心，辐射北京、天津、上海、四川，南方各省共同参与，涵盖了我国热带、亚热带和温带，山地、平原和滨海。据 1977 年全国供销合作总社土产果品局、农林部科教局调查资料显示，当时就有 200 多个县，近 2 000 个生产单位，开展了“南竹北移”工作。

二是历时之久。新中国成立后，为缓解农业打井、沿海捕鱼和国防三线建设等用竹需求，以及南竹北调运输能力不足等，北方的一些地区开始自发地从南方引种竹子。1958 年 5 月 18 日，毛泽东同志在中共八届二中全会上作出“竹子要大发展”的重要指示，从而正式掀开了“南竹北移”的序幕。此工程从 20 世纪 50 年代中期开始，一直到 21 世纪初，历时近 50 年。

三是规模之大。《竹类研究》第 11 辑《“南竹北移”科学研究第二次协作会议纪要》显示：仅截至 1977 年 6 月，河南、陕西、山东、山西、辽宁、河北、天津、安徽北部和江苏北部的 9 省共引种毛竹 408.9 万株、14.4 万亩；毛竹实生苗 685.7 万丛，计 1.7 万亩；杂竹丛 1973 年前为 12 万亩，又新发展 45.5 万亩。

四是竹种之多。涉及毛竹、淡竹、斑竹、刚竹、篘竹等散生竹，慈竹、青皮竹、巨龙竹、麻竹、绿竹等丛生竹，以及箭竹、苦竹、茶秆竹等混生竹，共计近 200 个竹种。陕西楼观台 1965 年就被林业部列为“南竹北移”试验地，到 1995 年该地竹林面积发展到 3 000 余亩，选育出适宜在秦岭北麓推广的竹种 50 多个，其中有 15

个优良品种可在我国北方发展。北京植物园经过 40 多年的引种栽培，截至 2010 年竹种园内共展示 10 属 59 种竹类植物，其中适于栽培的竹种有 20 种。

五是引种理论和技术取得有重大突破。资料显示，1977 年科技人员就初步掌握了毛竹、淡竹、斑竹、刚竹、筠竹、慈竹等竹种的耐寒、耐旱、耐盐、耐碱等生态习性。毛竹辐射育种、气候驯化、竹苗圃和母竹林等技术研究成果十分显著，毛竹种子育苗和实生分蘖苗的以苗繁苗技术得到了推广应用；刚竹、淡竹埋杆育苗技术取得突破，总结出了一套栽竹、管理和防寒、防旱、越冬的技术措施；毛竹苗的病害、竹介壳虫（竹蚧虫）和竹叶红蜘蛛等防治已取得了初步成果；初步掌握了斑竹、刚竹、雅竹等开花竹林的无性复壮技术，北方竹种资源的调查和分类研究也取得了较好成果；在 20 世纪末研究解决北方竹林高产、稳产的理论基础和平均亩产竹材 1 000 kg 的技术措施。

六是人才和物资有了坚实储备。锤炼出一支精通业务的技术队伍，《“南竹北移”科学研究第二次协作会议纪要》显示，截至 1978 年，北方 11 个省（自治区、直辖市）已有科学试验小组 220 个、参加人数近 1 000 名，举办技术训练班 59 期、培训人员 3 332 名，编印研究报告、经验总结和科技资料等 300 多篇。同时，声势浩大的“南竹北移”宣传，以及北方竹历史和文化的挖掘和普及，种竹、爱竹和用竹深入人心。不仅建立起陕西楼观台百竹园、北京植物园竹种园，还有北京昌平区等“南竹北移”基地，更有众多像山东聊城水竹园、日照竹洞天风景区、青岛竹子庵公园一样散落在华北大地上的大小竹园，这些竹子经过了长期引种驯化，能满足北方发展竹林的竹种需求。

第二，“南竹北移”是一项富有内生动力的工程，它遵循市场规律、集中办大事、分工协作、大胆创新的基本经验，以及北方地区悠久博大的竹文化历史与缺绿少竹的现状，为自身的转型升级奠定了坚实基础。

回顾“南竹北移”60年，大致经历了3个阶段：一是20世纪50—70年代初，为建设新中国，北方各省（自治区、直辖市）工农业生产和人民生活大量需要用竹。仅河南、河北、山东、山西、辽宁、陕西等省，每年农业打井、沿海捕鱼和国防三线建设等约需毛竹1 500万株、杂竹30万t，当时国家只能满足需求量的1/3。此外，根据河南和河北两省估计，若国家能完全满足两地对毛竹和杂竹的需要，每年就要从南方运竹子一万五千个火车皮。南竹北调运输量大、距离远，对战备也很不利的。建立北方竹子生产基地，就成了解决南竹北调的一项战略选择。因此，北方地区敢闯敢为，掀起了规模宏大的“南竹北移”运动。

二是20世纪70—80年代。由于竹子引种理论和实践的缺失，出现了不少有违科学、劳民伤财的案例。原全国供销总社和农林部及时总结经验教训，以南京林产工业学院（现南京林业大学）为技术牵头，对竹产业进行科学布局，分工协作。

三是20世纪90年代后，伴随着市场经济的完善和“南竹北移”技术的成熟，形成了企业化运作、工程化管理的新局面，嘉士德竹藤产业（北京）有限公司就是这个时期的代表。

诚然，“南竹北移”有不少教训，走过不少弯路，但总能顺应市场需求，认真总结经验、及时纠正错误，这也是“南竹北移”取得成功最基本的经验。

当前，在生态文明建设背景下，“南竹北移”是圆满收官还是继续前行？路又在何方？这是我们竹业工作者需要认真思考的问题。我的观点是，要以凤凰涅槃的勇气和担当，向着“南竹北移2.0”迈进。除了前面所述的，已经探索出了适于北方不同立地条件生长的竹种、技术和理论外，北方的农林水利基础设施也明显改善，局部地区还可为竹林丰产实施灌溉。

此外，还有3点理由：

一是北方依然缺绿。北方农村的冬季，大部分的树木叶子落尽，草本植物枯萎，四周没有了绿色植物的点缀，确实让人难以感觉到生机。如果是在农村种植竹子等常绿植物，就能改变这种景象。即便到了严冬，也能为生活增添些绿色，为环境美化增添色彩。竹林四季常青、潇洒飘逸，生物量大、固碳力强，鞭根发达、保水固土，笋材兼用、产业链长，历史悠久、文化博大，具有很好的生态、经济和社会效益。“南竹北移”不仅可以缓解北方地区缺林少材的状况，更可改善自然生态平衡。

二是北方曾经多竹。北方地区曾有博大精深的“竹子文明”，留下精彩纷呈的自然和文化遗产。“密竹复冬笋，清池可方舟。”“对门藤盖瓦，映竹水穿沙。”“野人矜险绝，水竹会平分。”“自闻茅屋趣，只想竹林眠。”这是杜甫在秦州写的咏竹诗，反映出当时秦州的依山傍水处竹林生长旺盛。杜甫还在《铁堂峡》中写道：“修纤无垠竹，嵌空太始雪。”他在《石龛》中写道：“伐竹者谁子？悲歌上云梯！为官采美箭，五岁供梁齐。苦云直竿尽，无以应提携。”这些都说明当时秦州的山地分布着大面积箭竹林，供朝廷制弓箭等。

三是东竹西移启示。21 世纪初开始，借助竹产业转移和东西部结对帮扶，四川、贵州、重庆等西部省（直辖市）的不少县（市）相继从东部或东南部引种雷竹、高节竹、麻竹和绿竹等笋用竹种。规模虽然不如“南竹北移”，但指向很明确，成效也超过了预期。如各地围绕雷竹，通过林地流转、股份合作、集约经营、精深加工、品牌打造、宣传营销等手段，让竹产业从无到有，从有到优，从优到强，成为平武、都江堰、彭州、青神、蒲江、忠县、大足等众多县（市）的主导产业。东竹西移给我们的最大启示，就是要以农民增收为目的，市场主导，政府支持，引种的不仅是竹种，更有经营理念、丰产技术、加工企业、营销模式等全产业链。

“南竹北移”因市场需求而起，并得以蓬勃发展，如今同样可以在市场需求中找到路径，实现转型升级。

第三，“南竹北移”是一项具有巨大潜力的工程，它要以“两山”理念为指导，市场需求为导向，一二三产融合发展，三大效益协同提升，技术、营销和管理综合应用，实现从竹种北移向产业北移的跨越。

所谓“南竹北移”的转型升级，就是要从资源的引种培育转型为一二三产融合发展，从单纯增加竹种升级为高质量发展目标竹种。也就是说，要将先进的竹林经营技术、产品开发、商品生产、营销模式和管理手段等引到北方，结合当地的基础产业和竹文化整合创新。具体有以下 4 条可行路径：

一是以中型竹材满足工农业生产用竹需求。南竹北移伊始，主要是为了满足对原竹的大量需要。如今，原来的需求不见了或减少了，但这并不意味着需求没了，而是以另外一种原料形态出现。如北方不少省（自治区、直辖市）纺织工业基础雄厚，竹原纤维自然以其良好的透气性、瞬间吸水性、耐磨性和染色性等特性，成为众多企业重要的纺织原料。据中国品牌网排名，2020 年十大竹纤维行业品牌中就有山东的竹之锦、豪盛、竹一百，北京的梦狐，以及河北的天竹，共 5 个。再如，市场前景好的竹缠绕等技术，仅中国铁建股份有限公司就已在内蒙古乌海、山东临沂、河南淅川等地布局了生产基地。生产竹缠绕的原料为竹篾，用竹量大。但是，目前市场所需的竹缠绕竹篾和纺织用竹原纤维等，均来自南方竹产区。篱笆的产生与农业起源及人类的定居生活密不可分，即使在建筑技术发达的今天，篱笆仍然被广泛应用。因为篱笆所发挥的改善生态、美化环境功能，符合当今生态文明建设的时代要求。也就是说篱笆的防御功能，逐渐升级为篱笆与绿色植物相结合的形式，或者叫“绿篱”。房前屋后，路旁河边，公园四周，篱笆创造了“采菊东篱下，悠然见南山”的人居环境和文化气息。还有北方简易温室大棚等也都需要大量用竹，但客户需要的不仅仅是原竹，而是不同规格、安装方便、防霉防腐的竹产品，还要有优质的售后服务。售后服务或将成为今后重要的盈利点，一定要维护好目标客户。因此，在北方发展篾性好、纤维质量高、稳产丰产以及适宜做篱笆和大棚的斑竹、淡竹、哺鸡竹等中型竹种，大有可为。

二是以美味竹笋满足人们的物质生活需求。人们常用成语“汉人煮箦”，来调侃北方人不会吃也不喜欢食用竹笋。事实果真如此吗？非也！《诗经·大雅·韩奕》曰：“其簌维何，维笋维蒲。”曹魏时，汉中太守王图每年冬天进献大批冬笋。《唐书·百官志》载：“司竹监掌植竹笋，岁以笋供尚食。”杜甫发配秦州，也不忘“密州复冬笋”。唐代李淖在《秦中岁时记》中记录了当时京城长安食用竹笋的盛况：“长安四月十五日，自堂府至百司厨，通谓之樱笋厨”。宋代黄庭坚更是赞誉洛阳斑竹笋：“洛下斑竹笋，花时压鲑菜。一束酬千金，掉头不肯卖。”宋代梅尧臣在《韩持国再遗洛中斑竹笋》写道：“牡丹开尽桃花红，班笋迸林迟角丰。两株远寄川上鸿，韩郎辍口赠楚翁。便令剥锦煮荆玉，甘脆不道箪瓢空。”梁实秋在《雅舍谈吃·笋》一文开头便说：“我们中国人好吃竹笋。”并对北平馆子里的“炒二冬”（冬笋冬菇）、东兴楼的“虾子烧冬笋”、春华楼的“火腿煨冬笋”等菜品赞不绝口。2009—2013 年，浙江省相继在黑龙江哈尔滨、陕西西安、河南郑州、天津和山东济南开展了“笋竹行”活动，大厨们现场烹饪了各式各样的美味竹笋，满街的清香足以吊起当地人的胃口。因此，在北方地区发展竹笋脆而鲜、产量高、笋材两用的斑竹、哺鸡竹、早竹、高节竹等竹种，大有可为。

三是以优美竹景满足人们的精神生活需求。历史上，北方著名竹景众多。“瞻彼淇奥，绿竹猗猗”“瞻彼淇奥，绿竹青青”（《诗经·卫风》），淇园无愧“华夏第一竹园”。“梁园秋竹古时烟，城外风悲欲暮天。”唐代王昌龄的一首《梁苑》，告诉我们梁苑为何又称竹园。“独坐幽篁里，弹琴复长啸。深林人不知，明月来相照。”唐代王维的一首《竹里馆》，让辋川竹林从此多了几分禅意。《晋书·嵇康传》载：嵇康居山阳，与阮籍等七位“神交者”，“遂为竹林之游，世所谓‘竹林七贤’也。”山阳竹林由此载入史册。宋代张淏在《艮岳记》说寿山艮岳“移竹成林，复开小径至百数步。竹有同本而异干者，不可纪极，皆四方珍贡，又杂以对青竹，十居八九，曰斑竹麓。”北宋李格非在《洛阳名园记》共评述了洛阳 20 多个名园，其中有竹景的就有归仁园、董氏西园、富郑公园、独乐园、苗帅园、大字寺园等 10 多处。如今，走进山东临沂竹泉村，可见一片绿竹、一泓清泉、一座古村落，一派“静悟竹影摇曳，隔墙聆听清泉”的意境。借助市场化运作，该村成了国家 4A 级景区，村民人均年收入由 2007 年的不足 4 000 元增长到 2018 年的 3 万余元。因此，在北方地区发展金镶玉竹、铺地竹、斑竹、紫竹等观赏竹种，大有可为。

四是以创意竹制品满足人们的文化生活需求。随着时间的推移，传统竹制品或其功能会不断消亡、演化，但其承载的文化内涵却并不会随之消失，反而会不断地积累，引发人们的美好记忆。商品生产中，个性化生产不以数量为目标，而是通过创意设计和现代营销模式等手段，以商品的某种特殊意义满足不同人群的需要。这对作坊式生产、工匠化打造、文化底蕴深和生态价值高的传统竹产业来说，尤为契合。这些竹制品的需求群体虽然很小，但群体数量却不少，而且需求旺盛，对价格不敏感。竹节人是“70 后”流行的玩具，是对小竹管进行创意所制作的产品，制作方便、充满童趣。从课文《竹节人》看，当时还曾掀起过竹节人“大战”。活竹酒是对新竹进行创意，将原浆基酒注入竹腔内，采用独特的竹腔二次发酵工艺精制而成。竹眼镜框，曾在海淘上火爆畅销，它的创意就来自中国台湾设计师和大陆竹艺人的联手。上海永久股份有限公司与龙域设计共同设计开发了“笃行”系列“青梅竹马”竹自行车，续写了现代版的“两小无猜”，2013 年荣获红星奖。2019 年，国家会议中心推出企业形象大使“竹福”，它融合了象征中国精神的竹子和北京文化的脸谱。2020 年，首批文创产品“竹福”帆布包、“竹福”书签等已面市；2021 年，将贴合年轻消费者，推出“竹福”咖啡、“竹福”餐饮推、“竹福”客房等。因此，在北方地区以有工艺、有故事、有卖点的传统竹制品为基础，通过创意找到目标客户，个性化开发，大有可为。

## 作者简介

蓝晓光，男，1957 年生，畲族，浙江松阳人。中国林学会竹子分会第六届委员会主任委员。林学学士，毕业于浙江林学院；工商管理硕士，攻读于清华大学。曾在浙江林学院（现浙江农林大学）和浙江省林业科学研究院从事竹学教学和研究 8 年。1990—2018 年就职于浙江省林业厅，先后任主任科员、副处长、处长、副巡视员、新闻发言人、总工程师等职。曾任政协浙江省委员会第九、十、十一届委员。爱好竹文化研究，公开发表《竹简四考》《佛教“竹林”四考》《互联网时代竹产业转型升级的思考》《从马王堆看中国汉代的“竹子文明”》《从 < 红楼梦 > 看中国竹文化》《“丝绸之路”上的中国竹》《竹韵耀峰会》等文章（包含论文）50 余篇。

# 宁波市竹产业困境与对策

陆志敏
（宁波市农业农村局种植业和种业管理处二级调研员、高级工程师，
中国林学会宁波服务站秘书长）

竹产业是宁波市重要的乡村产业，也是当前宁波市乡村产业的弱质产业。高质量发展竹产业是加快宁波市山区农村跨越式发展、助推乡村振兴战略、助力共同富裕示范区建设的重要抓手。宁波市竹产业有过辉煌历史，无论从竹林培育到竹笋竹材加工，还是新技术的开发与应用，都走在全国前列。但进入21世纪，宁波市竹产业逐渐落伍。近期，宁波市林业园艺学会邀请中国林学会、中国林业科学研究院亚热带林业研究所、国家林业和草原局竹子研究开发中心、浙江农林大学等单位的专家，深入宁波竹产业区进行调研，寻找原因与对策，以期重振宁波竹产业。

## 一、宁波市竹林资源现状

### （一）竹林面积逐年增加，竹林质量日趋下降

宁波市共有竹林面积8.5万 $hm^2$，占全市林业用地面积的1/6，其中：毛竹林7.93万 $hm^2$，占竹林总面积的93.33%，立竹量3.6亿株，其他小径竹面积0.55万 $hm^2$。全市竹林集中分布在甬西南部，奉化、余姚、海曙、宁海、象山是重点竹产区。根

* 2021年6月，宁波市竹产业高质量发展高峰论坛上的报告。

据历次森林资源调查，1984—2017 年 33 年间，竹林面积从 5.44 万 $hm^2$ 增加到 8.5 万 $hm^2$，增加超过 3 万 $hm^2$，年均增加 0.09 万 $hm^2$。前 25 年竹林面积的增加，主要是绿化荒山、人工造竹林和自然扩鞭；后 15 年竹林面积的增加，主要是自然扩鞭。由于竹材、竹笋的价格持续低迷，农民培育竹林的积极性大大下降，造成荒芜竹林面积的增加，竹林的质量趋于下降。

**（二）竹笋产量稳定，加工能力下降**

根据近20年来宁波市竹笋年产量统计，年产量为12万～19万t，竹笋总产量中，毛竹笋占大多数。产量最高年份竹笋产量达 19 万 t，2018 年最低，仅 12.17 万 t。随着面积的扩大，产量反而下降，印证了竹林质量下降。

自 2003 年以来，竹笋加工企业数量从 97 家，下降至最低年仅剩 17 家。随着雷笋加工的兴起，竹笋加工企业数量近几年有所增加，至 2018 年为 30 家，加工的产品以水煮笋为主。随着水煮笋出口市场、外省同业竞争以及环保要求的提高，水煮笋加工企业急速减少。近几年，随着竹笋新产品和国内市场的开发，加工企业数量比较稳定。

**（三）优良笋用竹笋经济效益提高，毛竹笋经济效益低迷**

随着优良笋种的开发和早出覆盖技术的推广应用，雷竹的经济效益明显提高。自 2009 年以来，0.4 万 $hm^2$ 的雷竹林面积的竹笋效益，超过了 7 万 $hm^2$ 的面积的毛竹笋产值，说明科技的进步对竹产业的贡献很大。

**（四）宁波市竹产业曾经的辉煌**

1. 曾经创造竹产业 5 个之最

（1）最大的毛竹：1957 年，奉化县岩头石门 1 株胸径 24 cm 的大毛竹参加全国农业展览会展出；1958 年眉围 54 cm 的大毛竹在俄罗斯莫斯科万国博览会展出；1964 年，4 株眉围 53 cm 的大毛竹在北京展出；1996 年 10 月，奉化市萧王庙袁夹岙村袁长岳培育的 1 株胸径达 19 cm 的大毛竹在中国农业展览馆中展出并被收藏。

以上展览的毛竹都曾是当年最大的毛竹。

（2）最早的毛竹科学培育基地：石门大毛竹基地自 20 世纪 50 年代成为原南京林学院竹类研究科技人员现代竹林培育试验基地，1958 年全国林木丰产现场会来此参观考察。

（3）最早的毛竹科学培育书：原南京林学院竹类研究科技人员在总结石门竹农培育实践经验的基础上，以石门大毛竹基地为样板出版了一套最早的毛竹科学培育图书。

（4）最早的竹林培育科教片：1964 年，上海电影制片厂在石门拍摄了毛竹培育科教片。

（5）最闻名的水煮笋：宁波水煮笋从 20 世纪 80 年代开始久负盛名，以品质闻名于日本市场。据原宁波市水煮笋协会统计，20 世纪 90 年代—21 世纪初，产量最高年生产水煮笋 230 万～ 240 万罐，占日本水煮笋市场 70% 以上。据中国食品土畜进口商会水煮笋分会统计数据表明，2012 年以宁波为代表的浙江水煮笋出口价格比福建等地出口水煮笋平均单价高 24.12%（每千克高 0.41 美元）。

2. 曾经的竹笋高产典型

余姚三七市东茅山村陈康飞于 1987 年创造了当地单位面积最高的竹笋产量，每亩达 2 602 kg，因此当选为第七届全国人大代表。1997 年，余姚市原洪山乡邵岙村邵坤维创造了亩产 422.5 kg 的冬笋单产最高纪录。1998 年，鄞州横街朱敏村毛宏国创下了亩产 3 843.6 kg 的竹笋最高产量纪录。20 世纪 90 年代，鄞州横街董家村董永苗创造了每年每亩单产采鞭笋 700 多 kg 的最高纪录。

## 二、宁波市竹产业发展瓶颈与难题

### （一）竹产业发展瓶颈

从发展历程来看，宁波市竹产业从辉煌走向衰落，遇到了发展的瓶颈。

1. 竹产业企业家与创新人才缺乏

竹产业从业者大多是从传统产品生产开始，从小规模、低端产品生产开始，企业利润低，行业吸引力弱，缺少开拓型、有战略眼光的企业家。竹产业对创新人才的吸引力小，当前竹产业的优秀企业家与创新人才缺少是竹产业发展的最大瓶颈。

2. 省工省力便利化林下经济发展模式暂缺

竹下经济发展是竹产业第一产业发展的一种新模式，林下种植、养殖经济效益显著。但是，由于劳动力投入成本高，发展的面积不大，大面积的推广需要省工省力便利化的林下经济新模式。

3. 竹林培育及竹材（笋）采运机械化缺乏

传统的竹林培育和竹材（笋）采运主要靠人工劳动，由于劳务投入量大，劳动强度高，与农村劳动力减少的矛盾日益突出，可供山地竹林地应用的高效益垦复机械和采运机械的缺少是竹产业第一产业的主要发展瓶颈之一。

4. 竹产业融合难

竹产业涉及多行业、多产品开发与利用，一片竹林需要众多领域的企业共同开发。目前，宁波市竹产业缺少龙头企业引领，难以组成竹产业联合体，难以实现竹林资源共享、优势互补，存在企业各自为战、同质竞争的现象，还造成资源浪费。

5. 政策支持乏力

基层政府、山区竹农对竹产业发展有迫切期待，政府及相关部门不能说不重视，但苦于缺少针对性的对策，缺少扶持竹企业的勇气与担当，缺少对竹产业初级加工、竹产业园区的土地优惠措施，缺少让企业达到环保绿色生产的扶持政策。在以“亩产论英雄”的政策下，竹产业需要用地多，无法与其他行业相竞争，许多竹加工企业无法落地。

## （二）竹产业发展面临难题

### 1. 竹产业链严重脱节的难题

竹产业链是一、二、三产业充分融合的产业，每个环节相互影响。在宁波市竹产业发展过程中，第三产业不发达，影响了第二产业的发展；第二产业不发达，影响了第一产业的发展。而反过来，第一产业落后，导致无法提供高质量的原材料，影响了第二产业发展。第二产业落后，导致无法提供满足人们美好生活需要的竹产业产品，从而影响了第三产业发展。当前，市场需要环保、安全、绿色的竹（笋）产品，需要多样化的产品服务，市场需要第二产业不断开发竹（笋）新产品。竹（笋）加工业由于其特殊性，受到土地资源、环保装备、人才、资本等各种因素影响，需要有初级产品加工和精深产品加工，构成完整竹（笋）加工链。宁波拥有宁波竹韵竹家居用品有限公司、宁波士林工艺品有限公司、宁波大埠食品有限公司等竹材（笋）精深加工企业，产品开发与市场营销均处于行业领先地位，但由于本地市场无法满足初级产品的需要，只能向外地采购，对当地竹材与竹笋销售带动作用不明显，从而影响了宁波市的竹林培育行业。

### 2. 环境友好型的竹材加工技术难题

传统的竹（笋）加工技术对环境造成了一定的影响，关停高污染、高能耗、落后生产工艺的加工企业是社会发展的必然。企业需要低碳、低成本、环境友好型竹材（笋）加工新技术，这是当前竹产业企业面临的最重要的技术难题。

### 3. 全竹利用技术难题

竹子全身是宝，已形成共识，但企业产品对竹子的开发利用还比较单一。竹板材类加工企业，主要利用竹子的中间部位，造成了竹梢、竹兜、竹枝、竹叶、竹屑、竹汁等资源的浪费，而且造成了环保问题。将竹板材类加工企业的废弃物作为另一类企业的原材料，才能使全竹得到充分利用。企业的融合发展和产业技术链的完整性还存在不足，面临难题。

4. 竹材工业化防霉防蛀防裂技术难题

要实现“以竹代木”“以竹胜木”“以竹代塑”“以竹胜塑”，竹材的防霉防蛀防裂技术是难题。这方面虽然取得了进展，但竹材规模化、工业化生产的竹产品，没有从根本上解决防霉防蛀防裂技术难题。竹材用品的霉变裂变经常发生，重组竹材的褐变没有得到解决，影响了竹材产品的使用寿命和使用地区。

5. 竹笋新产品开发难题

竹笋上市季节集中，数量大，鲜笋保鲜与贮藏难度大，来不及加工，影响了鲜笋的价格，大规模加工初级产品是鲜竹笋的主要出路。传统的水煮笋，在外贸出品和环保要求提高的双重影响下，产能大幅下降，出现了“卖笋难”的现象，大量的竹笋被农户弃挖。由农户简单加工成初成产品，转变为由精深加工企业不断开发满足市场新需求的新产品，是破解“卖笋难”的主要路径。需要突破鲜竹笋贮藏、保鲜、初级加工等延时加工技术，拉长竹笋加工产业链。

6. 竹制品消费与贸易的宣传与推广难题

竹制品具有低碳环保等独特的优势，但是由于宣传与推广不足，国内的“以竹代木”“以竹胜木”的家居用品消费量占比还不高，对环保的竹制品消费与贸易政策导向支持不足，宣传与推广的方式方法上没有突破性进展。

## 三、宁波市竹产业高质量发展对策

### （一）构建完整的竹产业链

高质量的竹产业体系是一条循环、开放、耦合的竹产业链，由发达的竹业第一产业——竹林培育业，发达的竹业第二产业——竹（笋）加工业，发达的竹业第三产业——竹产品贸易、旅游、保障和管理业等组成竹业经济循环系统。构建竹产业

“三产”融合，以“三产”带“二产”促“一产”为思路，以开拓国际、国内消费者市场为目标，做大第三产业；以创新开发新产品为目标，做强第二产业；以提供优质原材料为目标，做精第一产业。

一产，宁波具有传统优势，在四季竹笋高产高效、竹材的高产方面，都有成熟的技术。今后的发展重点为竹林分类经营：在雷竹等笋用林培育上，主要推广雷竹早出覆盖技术，引种夏秋季出笋的优良竹种；毛竹林重点推广冬笋、鞭笋高产高效培育技术，同时选择近郊立地条件较好的毛竹林，推广春笋冬出覆盖技术；在竹材培育上推广大毛竹培育技术，以竹材加工原料基地建设为重点；将陡坡、生态脆弱的山地竹林划为生态公益林，其主要作用为涵养水源、保持水土。探索发展符合宁波实际的毛竹林林下经济模式，在林药、林菌上形成一定规模，并产业化。加强竹林采运机械研发与应用，加强竹林道路与水渠等基础设施建设。

二产，以技术创新为重点，培育竹材、竹炭、竹纤维以及系列产品、竹子生化利用、竹笋深加工等不同领域领军企业，形成全竹利用的产业链。鼓励龙头企业在产区建立初级加工点。

三产，以发扬竹文化、发展竹海旅游为重点。积极开发竹观光、竹根雕、竹保健、竹体验、笋美食等系列生态旅游产品。充分利用竹林景观资源，开发建设“森林人家”“竹乡农家乐”等竹生态特色旅游项目，有条件的特色竹产品申请国家地理标志产品保护。加大竹林的森林管理委员会认证，通过认证可以突破西方国家的绿色环保壁垒，将宁波竹产业顺利打入国际市场。区域内发展以竹材打造竹全产业链的形式，建立竹产业联盟，全竹企业间整合，以品牌企业为龙头，形成几个竹企业集群。“三产”融合，还需要竹产业体系中共同利益关系的融洽。企业与市场需要互利共赢，信息互通；企业间需要资源共享，优势互补；企业与农户需要互帮互助，利益共存；企业与政府需要互信互通，构建良好的政企关系。

**（二）构建竹产业政策支撑体系**

当前，竹产业高质量发展政策体系最重要的一环是企业用地政策。竹产业是事关宁波市几十万农村人口的重要乡村产业，具有较强的公益性，应在土地供应上区别对待，不能以“亩均论英雄”。应按照竹林资源分布合理布局加工企业，同时鼓励精深加工龙头企业与产区村级集体合作建立初级产品加工点，优先安排村自留的集体经营性土地作为原材料的堆场，建立健全人才保障体系。宁波市竹产业发展首要的人才是高素质、开拓型的企业家人才，应大为培育引进高层次企业家人才，同时培养和吸引创新型、研发能力强的科技人才（包括产品设计、新技术研发人才等），出台更加优惠的政策吸引这类人才落户宁波。加强构建科技保障体系。科技创新是企业发展的内生动力，以企业的技术需求为导向，鼓励与支持企业与高校科研单位合作共建科技服务平台，民营科研机构研发和引进新技术、新设备，以现代高新技术、数字化智能技术与传统技术相结合，突破竹产业加工技术瓶颈，提升企业技术水平，加快产品升级，促进竹产业高质量发展。

**（三）构建竹（笋）产品营销网络体系**

竹（笋）产品从生产者到消费者手中，需要一个健全完整的营销网络体系。应加强品牌建设、产品宣传与推介，线上线下营销网络建设，收集消费者需求、信息反馈等。建立数字化系统，把优质竹（笋）产品送到消费者手上，将消费者的需求信息反馈给企业，促进产品更新，满足人民对美好生活的需求。

## 作者简介

陆志敏，男，1962 年生，宁波市农业农村局种植业和种业管理处二级调研员，高级工程师。兼任宁波市林业园艺学会常务副理事长（法人代表）、中国林学会宁波服务站秘书长。从事林业管理工作 38 年，在林业科技管理、竹产业管理、林下经济发展方面，有一定的实践与理论经验。发表论文 15 篇，获得省（市）级科技成果奖 10 项。

# 中国北方地区生物质气化清洁供暖技术与应用

陈登宇
（南京林业大学材料科学与工程学院教授、博士生导师）

中国北方地区城镇建筑取暖总面积约206亿 $m^2$（2016年底数据），以燃煤为主的供暖方式带来了极大的能源浪费和环境污染。清洁供暖事关千家万户。2016年12月21日，习近平总书记在中央财经领导小组第十四次会议上强调，推进北方地区冬季清洁取暖等6个问题，都是大事，关系广大人民群众生活，是重大的民生工程、民心工程。推进北方地区冬季清洁取暖，关系北方地区广大群众温暖过冬，关系雾霾天改善，是能源生产和消费革命、农村生活方式革命的重要内容。要按照"企业为主、政府推动、居民可承受"的方针，宜气则气，宜电则电，尽可能利用清洁能源，加快提高清洁供暖比例。2017年，国家十多个部委共同印发了《北方地区冬季清洁取暖规划（2017—2021年）》，其中明确了生物质能清洁供暖发展路线及适用条件。2021年中央一号文件也指出，实施乡村清洁能源建设工程，发展农村生物质能源。由此，开发生物质清洁供暖技术成为重点关注的方向之一。本文概述了中国北方地区城镇供暖的主要模式，分析了生物质气化清洁供暖的技术路线、碳平衡和应用工程，以期为中国北方地区生物质清洁供暖技术与产业的发展提供参考。

---

* 2021年7月，第二届国际能源与环境会议（ICEE2021）生物质分会场上的主旨报告。

## 一、中国北方地区城镇供暖的主要模式

中国北方供暖主要有以下 4 种模式：

（1）集中供暖。集中供暖的热源（燃煤电厂）主要来自热电联产，城市热网输送能力和热电联产热源决定了集中供暖规模。热电联产热源夏季供暖负荷需求较小，城市热网夏季大多处于闲置状态或低负荷低效率运行状态，利用率较低，造成热电厂余热大量排放、热效率下降。此外，大量的北方农村地区无法采用集中供暖。

（2）燃气供暖。这种供暖方式环境效益好，但是受到天然气资源供应量和使用成本限制，并可能存在能源安全问题。随着中国北方地区大范围推进“煤改气”工程，空气质量在一定程度上得到了改善。但居民的供暖成本大幅度增加，返烧散煤现象屡禁不止；同时，天然气需求暴涨，2017 年和 2018 年我国北方遭遇了大范围的“气荒”。

（3）电力供暖。在室内采用各种电暖气、电热膜等方式，使用高品位电能直接转换为热，但易造成能源浪费及供热成本大幅提升。中国以煤电为主，污染物排放比锅炉直接供暖污染物排放高 2 倍以上。从环境和经济两方面来看，大面积电力供暖对居民来说成本较高。

（4）热泵供暖。地源热泵性能受地下热源分布的限制，空气源热泵耗电成本高，而且抽采地热水，可能引发地面沉降，影响工程安全，排放地热尾水还会污染地质环境。2020 年，河北省自然资源厅、河北省水利厅联合印发《关于严格管控抽采地热水的通知》，除山区自流温泉外，原则上不再新立以抽采地热水方式开发利用地热的采矿权。

中国北方地区供暖热源结构以煤为主，2016 年取暖用煤年消耗约 4 亿 t 标煤。2020 年 1 月，新型冠状病毒肺炎疫情爆发，全国绝大部分地区的经济活动都停了下

来，但北方地区的雾霾仍十分严重。专家指出，居民燃煤采暖是造成环境污染的主要原因。因此，加快研发清洁供暖关键技术，减少煤炭使用，提高清洁能源比例，对减少污染物排放和改善生活质量具有重要意义。

针对中国北方地区清洁供暖、生物质绿色高效利用等国家需求，南京林业大学联合承德华净活性炭有限公司、吉林宏日新能源股份有限公司、国家林业和草原局林产工业规划设计院、滦平华净生物质新能源有限公司和赤峰淼邦锅炉工业有限公司等单位，依托国家林业和草原局生物质多联产工程技术研究中心、生物质气化多联产国家创新联盟等科研平台，因地制宜地开展了生物质城镇清洁供暖的科技攻关。针对果木废料、果壳，研发了生物质气化清洁供暖联产物理法活性炭新技术，创制了包括气化炉、锅炉、清洁燃烧器和高附加值活性炭生产的成套新系统；针对秸秆压块原料，研发了生物质锅炉清洁燃烧供热技术，设计了“人”字形前拱炉膛和箱板式受热面锅炉，研制了秸秆压块燃料持续稳定、高效洁净的燃烧系统。通过对生物质清洁供暖技术的创新，实现了生物质替代燃煤的城镇清洁供暖规模化生产与应用。

## 二、生物质气化清洁供暖的技术难题与解决方案

### （一）高含湿量生物质原料的适应性问题

#### 1. 技术难题

生物质气化技术对原料粒度、含水率、均匀性有严格要求，生物质预处理的破碎或干燥成本较高。现有气化装置存在对原料含水率要求高（一般要求≤ 20%）、气化不稳定、安全可靠性差等问题，开发适应高含水率（≥ 40%）原料，运行稳定、安全的气化装置是生物质气化领域长期存在的一大难题。

#### 2. 解决方案

项目技术采用了新型自干燥、喷动式生物质多联产气化等装置。气化炉内衬为

高温耐火蓄热砖体，中间间隔分布立式中空的引风横梁，材料为高温耐火蓄热砖体。在气化炉运行时，以空气为气化剂，原料、生物炭在氧化层发生剧烈的氧化放热反应，热量被蓄热砖体吸收，通过传导可供上层生物质原料的干燥和热解，因此可以适应含水率达到 40% 的湿原料。原有气化炉中的热量传输单纯是靠炉内的原料层层传导，生物质导热系数较差，当高含水率原料进入气化反应层时，水分挥发会带走大量热量，导致反应区温度下降，影响气化反应的稳定性。本气化炉中的蓄热体传导设计，可以很好地保证高含水率原料气化反应的稳定进行。本技术简化了原料预处理工艺、降低了原料预处理成本和能耗，解决了生物质气化供暖联产炭技术对高含水率（40%）、大尺寸（0.5 ～ 10 cm）原料的适应性问题。

## （二）气化焦油处理与热燃气环保燃烧问题

### 1. 技术难题

生物质气化过程中会产生大量的焦油，焦油难以处理，直接排放会污染环境；在生物质热燃气燃烧供热过程中，热燃气如果不能充分、环保燃烧，会造成系统热效率低、尾气排放不达标。

### 2. 解决方案

通过研发下吸式固定床气化直燃供暖、热燃气稳定环保燃烧腔等技术和装置可以有效解决上述问题。生物质原料送入新型气化炉系统，原料依次经过干燥层、热解层、氧化层、还原层和冷却层，经过一系列复杂的热化学反应，最终生成生物质炭和生物质气液混合物的热燃气。热燃气热值为 1 100 ～ 1 300 kcal/$Nm^3$，燃气出口温度 600 ℃左右。生物质热燃气不经降温直接送入锅炉，利用项目组研发的低氮环保稳定燃烧技术，热燃气稳定环保燃烧，氮氧化物（$NO_x$）排放低于国家标准。在 600 ℃的热燃气中焦油等液体组分呈气态，随热燃气一起送入锅炉燃烧供暖，不仅提高了燃气热值和系统的热效率，同时也避免了因热燃气降温净化而产生的焦油、醋液难以处理的问题。炭冷却后可加工成活性炭等产品。单台气化联产炭的炉可满足 2~20 t/h 锅炉的热量要求，仅气化热燃气供暖即可满足系统运行成本。

### （三）高质炭产品开发与技术经济性问题

#### 1. 技术难题

传统生物质气化一般以可燃气产物为主，生物质炭得率低（< 18%）、品质差（含碳量 < 70%、灰分含量 > 20%），气化产物利用价值低、利用途径少，整体技术经济效益不佳。

#### 2. 解决方案

活性炭是一种孔隙发达、比表面积大、吸附能力强的功能型炭材料，经济价值较高。物理活化法活性炭的生产一般是将原料先炭化（500 ℃左右），再活化（850 ～ 1 000 ℃），存在活化温度高、活化时间长、能耗高等问题。生物质气化清洁供暖联产炭工艺炭化时间短、炭化效率高，可以替代传统的炭化技术。此外，传统炭化时原料表面气相和固相呈正压，表面产生的焦油挥发不完全，最终炭的孔隙难以形成或被堵塞。在本工艺中，采用限制性供氧，氧气具有活化造孔的作用，同时产生的可燃气被连续抽出，生物质固相表面呈微负压，一定程度上有利于生物质的分解，也有利于炭化料孔隙的形成。本技术在清洁供暖的同时，得到了活性炭等高附加值产品，解决了传统活性炭生产的高污染、高能耗等问题，具有明显的经济和环保优势。

## 三、生物质气化清洁供暖的工艺流程

生物质气化清洁供暖联产活性炭的工艺流程如图 1 所示。该工艺系统由上料系统、进料系统、新型气化联产炭系统、排炭冷却收集系统、可燃气燃烧系统、燃气锅炉系统、活化系统、控制系统等组成。生物质原料通过提升机送入，通过皮带输送、炉前料斗送入下吸式气炭联产固定床气化炉。以空气作为气化剂，生物质在600～800 ℃的温度下气化（产气量 1.9 $Nm^3$/kg 左右、得炭率 25%～30%），气化后产生热燃气（热值 1 200 kcal/$Nm^3$、温度 600 ℃左右）通过管道送入锅炉燃烧器燃烧，以高温引风机作为引风动力。锅炉产生的热水用于供暖，单台气化联产炭的炉可满足 2～20 t/h 锅炉的热量要求。气化炭（碘吸附值 500～650 mg/g）送入回转炉，在蒸汽活化剂的作用下活化，生成活性炭（碘吸附值 900～1 000 mg/g）。

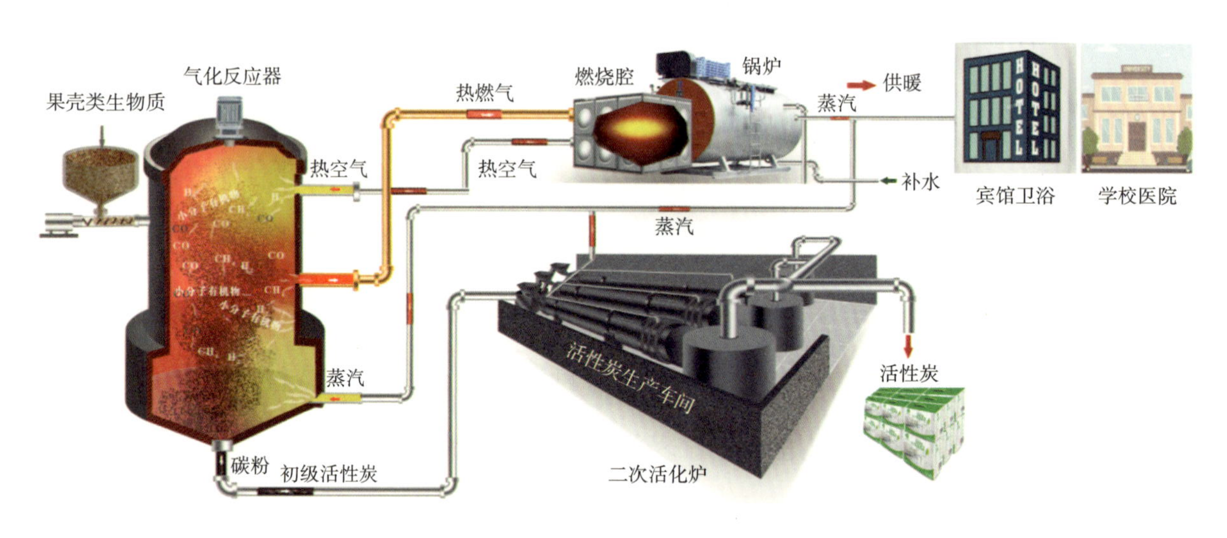


**图 1　生物质气化清洁供暖联产活性炭的技术流程图**

图 2 是果木气化清洁供暖联产活性炭系统的能量流和效率示意图。通过气化反应，48.1% 的果木生物质能转化为可燃气，而 49.08% 的能源仍以固体炭的形式储存，其余 2.82% 为热量损失；从热燃气到城市供热的能量转换效率约为 85%，而从气化炭到活性炭的能量转换效率约为 51.33%。生物质热燃气利用低氮环保稳定燃烧技术，避免因冷却净化可燃气产生的焦油、醋液等难处理的问题，同时果木气化炭的碘吸附值达 550 mg/g，再将其制备成活性炭，其碘吸附值可达 1 000 mg/g。

果木气化清洁供热联产活性炭系统的碳平衡如图 3 所示。首先，植物生长从大气中吸收 1.72 t 二氧化碳，形成含碳 47% 的 1 t 生物质果木，气化后向大气中排放

0.84 t 二氧化碳，0.24 t 二氧化碳转化至生物质气化炭。随后，气化炭进一步活化，0.12 t 碳被转移到活性炭中，0.44 t 二氧化碳将被释放到大气中。因此，在 1 t 果木废弃物气化清洁供热联产活性炭后，空气中的 0.44 t 二氧化碳将被固定在活性炭中，固碳减排效果显著。

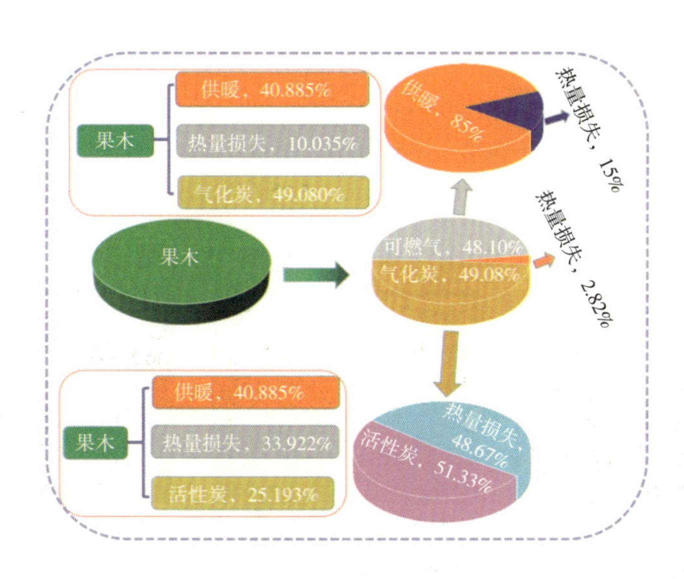


图 2　果木气化清洁供暖联产活性炭系统的能量流和效率示意图

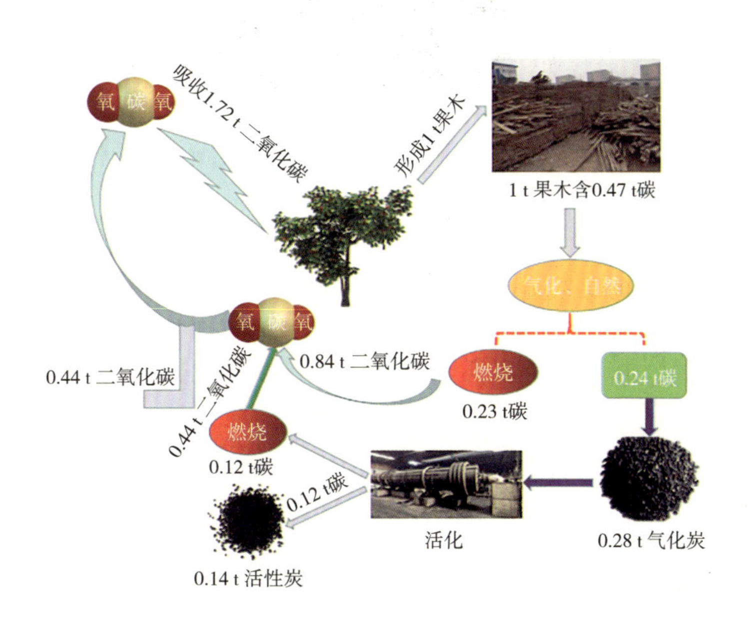


图 3　果木气化清洁供暖联产活性炭系统的碳转换示意图

## 四、生物质气化清洁供暖的应用案例

在河北省滦平县建成了以果木废料、果壳为原料的生物质气化清洁供暖联产活性炭工程（图 4）。1 t 果木废弃物气化供热约产 190 t 热水，满足 1 d 供暖 4 100 $m^2$，同时得到 0.20 ～ 0.3 t 炭，可生产 0.15 ～ 0.18 t 的活性炭，无废水、废渣排放，并实现固碳减排（1 t 生物质炭固定二氧化碳 3.12 t）。气化炭的碘吸附值达到 500 ～ 650 mg/g，较传统炭化料的 100 ～ 200 mg/g 提高 2 ～ 5 倍。生产 1 t 活性炭由传统需要 3 t 炭化料降至 1.5 t 气化炭，活化时间缩短 30% ～ 50%。

**图 4　河北省滦平县果木废料气化清洁供暖联产活性炭工程**

该项目在 2020—2021 年供暖季为中学供暖达 36.7 万 $m^2$，消耗约 1.22 万 t 果木废料、果壳等原料，制备 2 255 t 活性炭，节约标煤约 5 750 t，可减排二氧化碳 1.54 万 t、二氧化硫 138 t、氮氧化物（$NO_x$）40.2 t，活性炭固定二氧化碳 8 268 t，项目总减排二氧化碳 2.37 万 t，产值 2 000 多万元。在吉林以秸秆压块为原料，为吉林市高新北区供暖 120 万 $m^2$，1 个供暖季消耗秸秆 2.5 万 t，节约标煤 1.02 万 t，减排二氧化碳 2.66 万 t，产值 1 000 多万元。与燃煤相比，生物质清洁供暖技术可大量减少二氧化碳、氮氧化物（$NO_x$）和二氧化硫排放。

项目技术已在河北、吉林、辽宁、内蒙古等地推广应用，建成了10多条生产线。2020年11月，中国林学会组织专家对生物质城镇清洁供暖关键技术创新与应用项目进行了现场评价，专家组认为，该项目技术整体处于国际先进水平，其中生物质气化城镇清洁供暖联产活性炭新技术达到国际领先水平。

## 五、展　望

通过2018—2019年和2019—2020年两个北方供暖季的运行表明，生物质气化清洁供暖技术先进、成熟，设备运行可靠，经济效益和环境效益俱佳。政府批复和企业计划建设的农林生物质城镇清洁供暖面积已达1 000万$m^2$以上。生物质清洁供暖技术的产业化和商业化应用，将有助于推动中国北方地区清洁供暖及相关生物质产业经济的发展。

## 作者简介

陈登宇，男，1985年生，南京林业大学教授、博士生导师，江苏省生物质气化多联产工程研究中心副主任。从事生物质能源的教学、科研和产业化工作，发表学术论文80多篇，入选ESI高被引论文7篇、ESI热点论文2篇，授权专利15件。先后入选江苏省企业创新岗特聘专家、六大人才高峰、“333”工程、青蓝工程以及国家林业和草原局青年拔尖人才等项目。获中国科学院院长特别奖、江苏省科学技术奖一等奖（排名第3）、科学技术部全国颠覆性技术创新大赛优秀奖（排名第2）、梁希林业科学技术奖一等奖（排名第3）、江苏省工程热物理学会科技奖一等奖（排名第1）、江苏省科技创新协会科技创新奖一等奖（排名第1），指导学生获中国国际“互联网+”大学生创新创业大赛金奖。被评为中国能源研究会“优秀青年能源科技工作者”、中国可再生能源学会“优秀青年科技人才”。

# 我国林产工业实现碳中和的基本策略

于天飞[1]　夏恩龙[2]
（1. 中国林业科学研究院林业科技与信息研究所高级工程师；2. 国际竹藤中心博士）

中国林产工业围绕着可持续发展的目标已经进入高阶发展的新常态，通过优化产业分工和合理调整产业结构，驶入了良性循环的快车道。林产工业是具有可持续发展潜力的绿色产业。中国经济的快速增长在给林产工业带来机遇的同时，也对其发展提出了新的问题和挑战。中国林业现有的发展模式在国家以控制碳排放为主要目标的“双碳”战略中的定位将接受新的考验。生态保护和经济发展的多重要求，需要中国林产工业放弃原有粗放的经营模式，把提升森林质量和提高森林固碳潜力放到重要位置。通过林业碳汇的市场化交易机制，可以发挥森林多重生态价值，借助森林质量精准提升，实现中国林产工业可持续的“双碳”战略构想。本文将在分析森林碳汇在碳中和愿景实现过程中所起作用的基础上，探讨未来我国林产工业实现碳中和的基本策略。

## 一、研究背景

工业革命带给人类的，除了生产力大幅提升所创造的财富外，对环境造成的破坏是显著而深远的。人类活动改变了地球的碳平衡，使得全球气候异常，海平面大幅抬升。为了应对严峻的气候危机，《巴黎协定》中明确提出 2 ℃的全球温升控制目

* 2021 年 7 月，林产工业“碳达峰－碳中和”标准建设座谈会上的报告。

标，同时提出要努力将温升控制在 1.5 ℃以下的目标。2020 年 9 月 22 日，国家主席习近平代表中国政府在第七十五届联合国大会一般性辩论上的讲话中也首次作出承诺：中国将提高国家自主贡献力度，采取更加有力的政策和措施，二氧化碳排放力争于 2030 年前达到峰值，努力争取 2060 年前实现碳中和。随后，在联合国生物多样性峰会、第三届巴黎和平论坛、金砖国家领导人第十二次会晤、二十国集团领导人利雅得峰会、气候雄心峰会、2020 年中央经济工作会议、世界经济论坛“达沃斯议程”对话会、2021 年中央财经委员会第九次会议、2021 年领导人气候峰会上的 9 次重要讲话或致辞中，习近平总书记均谈及“双碳”议题。这个极具战略眼光的目标体现了中国政府在应对气候变化问题上的大国担当，落实“双碳”任务也成为 2021 年中国政府的重点工作任务。

碳中和最早是由伦敦未来森林公司（Future Forests，后改名为 The Carbon Neutral Co.，即碳中和公司）提出的，用种植树木的方式抵消公司每年在交通旅游、家庭生活等个人行为领域的碳排放量。根据联合国政府间气候变化专门委员会（Intergovernmental Panel on Climate Change，简称 IPCC）的定义，碳中和（carbon neutrality）是与某一主体相关的人为二氧化碳排放与人为二氧化碳清除量相平衡的状态。碳达峰则是指在某一个时点二氧化碳排放不再增长并进入一个平台盘整期，稳定一段时间后逐步回落的过程。碳达峰是一个目标峰值，同时也是一个具有时间边界和地域边界的区域碳排放的顶点。2014 年 9 月 22 日，中国在《中美气候变化联合宣言》中首次提出了 2030 年实现碳达峰的计划。

目前，许多国家在碳排放量达到峰值后，都确定了实现碳中和的时间表（表 1）。芬兰提出在 2035 年实现碳净零排放，冰岛、奥地利等国提出在 2040 年实现碳净零排放；英国苏格兰、瑞典已通过立法的形式确定 2045 年实现碳中和；欧盟其余各国、英国（除苏格兰）、加拿大、日本、韩国等国将碳中和的时间节点定在 2050

年；美国政府提出 2050 年实现碳中和，美国的加利福尼亚州则将碳中和时间提前到 2045 年；一些发展中国家如智利、南非也计划在 2050 年实现碳中和。目前，全球已有 126 个国家和地区提出碳中和目标，占全球碳排放量的 51%，其中苏里南和不丹已经实现碳中和。

**表 1　世界各国碳中和计划及进展**

| 国家 / 地区 | 碳中和年份 | 进展 |
| --- | --- | --- |
| 苏里南 | 2014 年 | 已实现 |
| 不丹 | 2018 年 | |
| 乌拉圭 | 2030 年 | 已提出政策宣示 |
| 芬兰 | 2035 年 | |
| 冰岛、奥地利 | 2040 年 | |
| 苏格兰、瑞典 | 2045 年 | 已立法 |
| 英国、丹麦、法国、匈牙利、新西兰 | 2050 年 | |
| 欧盟各国（除表中其他欧盟国家）、智利、西班牙、斐济 | 2050 年 | 立法中 |
| 德国、挪威、瑞士、比利时、葡萄牙、加拿大、日本、韩国、南非等 | 2050 年 | 已提出政策宣示 |
| 美国 | 2050 年 | 已在竞选中作出承诺 |
| 中国 | 2060 年 | 已提出政策宣示 |

注：本表数据根据互联网信息统计。

## 二、碳汇在实现碳中和愿景中的重要作用

碳达峰目标和碳中和愿景行动是一项复杂的系统工程，涉及能源、交通、工业等多个领域，是一场以新技术、新模式、新业态为关键词的经济社会系统性变革和绿色革命，其背后反映的是国家间政治、经济、资源分配等多维度博弈的结果。其中，森林在减缓和适应气候变化以及实现“双碳”战略过程中扮演着重要的角色。从 1992 年的《联合国气候变化框架公约》到 2020 年召开的第七十五届联合国大会，林业碳中和框架历尽艰辛，逐步走向完善。1997 年，《京都议定书》提出针对发达

国家缔约方的关于制定"促进可持续森林管理的做法、造林和再造林"政策和措施的要求，其相关规定为利用森林碳汇实现碳中和奠定了法理依据。在《京都议定书》2 个承诺期结束后，2015 年的《巴黎协定》成为全世界遵循的气候规则，该协定将森林及其相关内容作为单独的条款纳入其中。2020 年，美国退出《巴黎协定》后又在 2021 年重新回归该话语体系。在 2021 年我国全国两会期间，碳达峰碳中和首次写入政府工作报告，并提出加快建设全国碳排放权交易市场。在 2021 年 4 月 22 日召开的领导人气候峰会上，出席会议的发展中国家领导人呼吁发达国家在应对气候变化方面展现更大的决心和行动，以加快碳中和的进程。2021 年 7 月 16 日，中国碳市场正式开盘交易，中国碳排放权交易的大幕徐徐拉开。

根据最新发表的 IPCC 报告，如果要实现《巴黎协定》提出的 1.5 ℃温升控制愿景，负排放技术不可或缺，而林业在碳中和过程中将起到至关重要的作用。从清华大学发布的相关碳中和研究成果可以看出（图 1），在难以实现完全净零排放的情景下中国碳排放强度随时间变化的趋势。中国碳排放量到 2030 年左右达到 121 亿 t 的峰值，随后会经历 5~7 年的平台期，碳排放水平将逐级回落。

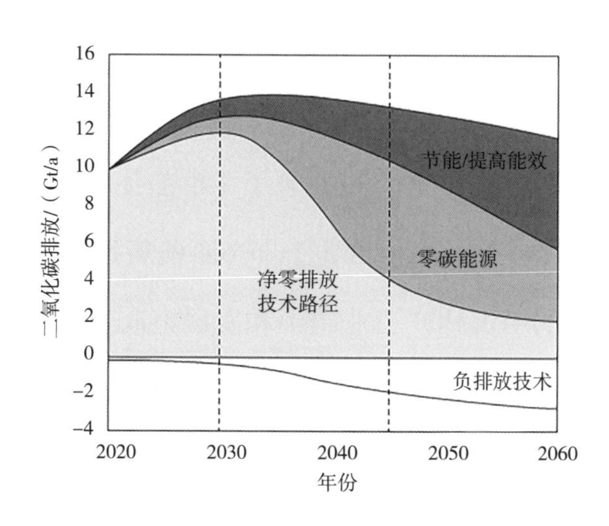


**图 1　在难以完全零排放的情景下中国碳排放强度变化趋势**

注：图片资料来源为王灿"碳中和愿景的实现路径与政策体系"课题组研究成果。

在采取节约能源、提高能效以及零碳能源等措施后，还有一部分碳排放需要通过负排放技术解决。到 2060 年前，不能减少的碳排放将通过植树造林、碳封存捕获与利用等技术路径进行碳排放抵消。

在 2013 年联合国气候变化大会华沙会议上，《联合国气候变化框架公约》各缔约方达成“国家自主贡献”（nationally determined contributions ，简称 NDCs）方案共识。目前，全球已有 160 个国家和地区向公约秘书处提交了“国家自主贡献”文件，这些国家和地区碳排放量达到全球排放量的 90%。中国为此提出了实现碳中和的 6 个重点方向：一是大力调整能源结构，二是加快推动产业结构转型，三是着力提升能源利用效率，四是加速低碳技术研发推广，五是健全低碳发展体制机制，六是努力增加生态碳汇。其中，生态碳汇的主要措施包括加强森林资源培育，开展国土绿化行动，不断增加森林面积和蓄积量，加强生态保护修复，增强草原、绿地、湖泊、湿地等自然生态系统固碳能力等内容。

为了落实“国家自主贡献”目标，中国政府把森林碳汇作为实现碳中和的重要路径，并在 2020 年 12 月 12 日的联合国气候雄心峰会上提出森林蓄积量将比 2005 年增加 60 亿 $m^3$ 的林业碳中和新举措。在 2021 年 11 月 13 日闭幕的《联合国气候变化框架公约》第二十六次缔约方大会上，针对《巴黎协定》的实施落地，各国联合签署了《格拉斯哥气候公约》，中美两国签署了《中美关于在 21 世纪 20 年代强化气候行动的格拉斯哥联合宣言》。《巴黎协定》下 6.4 条所设机制（也称可持续发展机制），使得基于项目交易的中国林产工业碳中和发展方向更加明晰。

## 三、林产工业在“双碳”战略中的定位

林产工业是低碳、环保、可持续发展的绿色产业，不仅其主要原材料具备天然固碳功能，能持续给人类生存带来清洁环境和清新空气，促进可持续发展；而且林

产工业本身也是国民经济发展中唯一能够通过多次加工增值直接支持森林碳汇价值实现并独具绿色发展潜力的重要产业，在国家“双碳”战略架构中具有不可替代的作用。其战略定位主要体现在4个方面。

### （一）林业“双碳”战略的践行者

木材加工和林产化工的产业化发展，可以重塑林产工业产业发展格局，通过构建绿色低碳产业体系、优化产业结构、加快绿色低碳技术研发、健全法律法规和标准体系等措施，推进林产工业行业绿色低碳转型；通过生态效益补偿的市场化机制，实现生态服务型产品的供给。

### （二）储碳降碳工作的重要载体

木竹材料是天然的碳封存载体，对木竹资源的利用就是对碳的利用，对木竹资源的储存就是对碳的储存。通过提高树木采伐后的利用率、发展木材处理技术延长木材的使用寿命、加强木质废弃物的回收利用、积极推广木质文化等可提高木质产品的固碳作用。木质林产品的碳减排作用体现在能源和建筑2个领域，用木材制品替代高能耗的材料和化石燃料能减少二氧化碳排放，减缓气候变暖。

### （三）新能源产业的重要组成部分

林木生物质能源与风能、太阳能等同属于可再生资源，是仅次于煤炭、石油和天然气的第四大能源，是新能源产业的重要组成部分。其主要原料包括林区剩余物、林区废弃物、林副产品废弃物和薪炭材等，作为燃料使用时其生长时需要的二氧化碳相当于它排放的量，只是作为太阳能的载体在自然界流转，所以林木生物质能源本身相当于净零排放。

### （四）循环再利用的可持续发展典范

对废弃木材进行综合循环再利用，可以节约成本、支持环境友好且可持续发展，对于提高木竹材料利用率和保有量、降低能耗、提高储碳量将起到积极的促进作用。

通过对林区剩余物、木材废弃物进行再加工，形成了木块、木碎料、木纤维、竹纤维和木浆、竹浆、活性炭等新的木竹原料形态，用来生产细木工板、刨花板、纤维板等木质人造板和纸张、纺织品、环保材料等产品。

## 四、林产工业碳中和的主要策略

近期，我国发布了《关于建立健全生态产品价值实现机制的意见》《关于加快建立健全绿色低碳循环发展经济体系的指导意见》《关于统筹和加强应对气候变化与生态环境保护相关工作的指导意见》《碳排放权交易管理办法（试行）》等重要的林业碳中和指导文件，为国家实现碳达峰目标和碳中和愿景的“双碳”战略的快速落地、完成国家应对气候变化自主贡献指明了方向。

为了主动推进国家“双碳”战略目标实现，引领行业绿色、低碳、高质量发展，林产工业企业碳中和行动主要需要着眼于 6 个方面的工作。

### （一）做好企业碳核算工作

企业碳核算工作包括碳盘查和碳核查两部分。碳盘查是一种企业的自主行动，对碳排放基准、碳盘查周期、方法学执行没有强制性要求；而对纳入中国碳市场的控排企业而言，需要进行的碳排放核查则有强制要求。随着中国碳市场的正式启动，企业履约范围将涉及林产工业的各个企业。为保证碳排放数据的准确性，控排企业每年在履约前都必须接受独立第三方机构对上一年度碳排放数据的核查。

林产工业企业要进行碳核算统计，就要对企业内部的碳排放进行量化计量。企业应从行业规范、维护行业与企业权益角度，联合独立第三方认证机构，按照既定不同的碳披露规则、标准和方法学开展林产工业企业碳核算试点实践，通过试点总结形成一整套符合中国林产工业行业实际情况的制度、标准和方法学，报请国家主管部门审批。行业主管部门应了解企业提效降碳和新能源利用水平，加强与国家部委沟通联系，在政策层面争取控制行业碳成本，保障我国林产工业的国际竞争力，为林产工业行业健康发展保驾护航。

### （二）加强企业碳信息披露的行业管理

林产工业企业碳信息披露需要公开的信息包括企业社会责任报告书、经营策略、管理方案、碳排放数据、风险与机遇分析、其他碳排放相关策略等信息。其中的森林资源数据部分包含诸多国家涉密信息，需要从行业监管的角度对相应林产工业企业数据进行归纳分类、分级管理，为供应链企业制定上市企业责任报告书、林业企业碳中和方案等提供专业碳披露服务。通过全过程、全链条协调高效管理，可提升林产工业企业节能减排效果。

### （三）重视林业生物质能源和木竹产品替代

林产工业行业可通过木竹产品的储碳功能、林木生物质能源的清洁循环利用功能、木竹资源的综合循环利用功能实现林业碳储存价值，发展林草低碳产业对实现碳达峰碳中和目标具有重要作用。应利用“双碳”战略契机，发挥林产工业行业在可再生资源利用领域的独特优势，整合行业资源，形成行业碳中和发展共识；挖掘生物质能源减排项目的发展潜力，开发新的生物质能源替代方法学；积极宣传木竹制品、木竹林产品的储碳固碳、可再生、循环利用和环境友好特征，开发木竹产品替代的方法学体系；利用木质林产品碳库的发展潜力，创新“双碳”战略目标实现新路径。

### （四）开发林业碳汇项目用以抵减碳排放权配额

国家为满足对优质木材的需求，在《国家储备林建设规划（2018—2035 年）》中明确提出到 2035 年建设国家储备林 2 000 万 $hm^2$，建成后每年蓄积量净增加量约 2 亿 $m^3$，实现一般用材基本自给。林产工业企业在生产活动中也会有大量原料林基地建设需求。这些国家储备林原料林基地产生的具有额外性的蓄积量，通过林业碳汇项目可以在中国碳排放权交易体系中进行配额抵减。

### （五）推进林产工业碳中和基础科技研发

欧、美、日等发达国家在中国公布碳中和目标后，都相应加强了碳减排力度，碳中和的科技研发速度进一步加快。而我国由于碳中和目标发布时间较晚，许多碳中和的技术研发还落后于世界发展水平。要想发挥林业碳中和的作用，需要理清“国家自主贡献”中林产工业的行业贡献度问题。

为了实现国家“双碳”发展目标，林产工业碳中和基础科技研发刻不容缓。目前，我国许多大型林产工业企业已经开始研究各自的林产工业碳中和路径。为了促进企业在创新负排放技术方面保持国际竞争地位，林产工业企业需要根据碳中和目标下各个细分领域的技术研发需求提出前瞻性的战略部署，明确技术研发方向。同时，积极研发林产工业行业碳中和评价体系，在林产工业行业全面推行国家主管部门认可的标准和方法学体系，重视减少发展中国家毁林和森林退化所致排放量以及森林可持续管理保护的森林碳储量（reducing emissions from deforestation and forest degradation, plus the sustainable management of forests, and the conservation and enhancement of forest carbon stocks，简称 REDD+）的相关学术研究与应用。发挥 REDD+ 在林产工业中的作用，开发基于产品和服务的林产工业碳标识体系，在林业碳封存领域遴选固碳水平高的造林树种，实现选育新技术的低碳创新。

### （六）扩大林产工业碳中和人才队伍

林产工业碳中和行动归根结底还是需要依靠一只专业技术过硬的人才队伍来实施。例如，从启动人造板行业“双碳”工作的人员培训入手，通过行业标准研制、贯标培训、会议研讨等多种形式，为企业培训出一定数量的合格的林草碳汇计量核算专业人员。

## 五、讨 论

碳中和作为一种应对气候变化的行业愿景，在未来的中国生产实践中必将产生重要而深远的影响。林产工业作为绿色、低碳、可持续发展的绿色产业，决定了实现碳中和的路径将会是多角度、全方位的。通过加工增值及木竹替代等方式将直接支持森林固碳价值的实现，对国家“双碳”战略的落地起到不可替代的作用。

## 作者简介

于天飞，男，1971 年生，高级工程师。现任中国林业科学研究院中林绿色碳资产管理中心常务副主任兼秘书长、国家温室气体备案审核机构技术管理负责人、中国林业经济学会森林生态经济专业委员会委员、科学技术部农村发展中心林业核心专家库专家、民盟北京市委北京市农业委员会副主任等。曾获梁希林业科学技术奖二等奖、梁希青年论文奖三等奖。目前主要从事林业碳汇的独立第三方技术咨询与服务以及林业碳汇审核机构的管理工作，参与林业碳汇的方法学研究工作和林业碳汇审定核证的制度设计工作。

夏恩龙，男，1981 年生，博士，现任职于国际竹藤中心。研究方向为森林认证、竹林碳汇和绿色经济政策等。

# 第三篇

## 调研报告

# 新阶段我国林草科技工作形势、任务和对策

郝育军
（国家林业和草原局科学技术司司长）

在深入贯彻新发展理念、构建新发展格局的新发展阶段，林草科技工作面临怎样的形势？处于什么样的方位？肩负着什么样的重任？要实现怎样的目标？应采取哪些对策和措施？这些是当前我们必须回答好的重大问题。

## 一、林草科技工作形势和任务

### （一）深刻理解“两大变化”对林草科技产生的重要影响

一是我国科技发展正在发生历史性深刻变化。当今世界正处于百年未有之大变局。新一轮科技革命和产业变革正在加速演进，我国经济发展方式也正在加速转变，两者形成历史交汇期。习近平总书记在两院院士大会上指出：“我们必须清醒认识到，有的历史性交汇期可能产生同频共振，有的历史性交汇期也可能擦肩而过。”科技创新已成为百年变局的一个关键变量，关乎国运，决胜未来。以习近平同志为核心的党中央审时度势，对我国科技创新工作进行了战略性、全局性谋划和部署，主要体现为 7 个“新”：①作出“创新是引领发展的第一动力”新的重大论断；②确立“坚持创新在我国现代化建设全局中的核心地位，把科技自立自强作

* 2021 年 3 月，发表在《林草政策研究》上的建言献策文章。

为国家发展的战略支撑”新的重要定位；③提出“创新、绿色、协调、开放、共享”新的发展理念，将创新列为首位；④实施“创新驱动发展战略”新的重要战略；⑤明确“建设创新型国家和世界科技强国”新的重要目标；⑥组建新的科技管理部门，将原科学技术部、国家外国专家局职责整合，重新组建科学技术部，国家自然科学基金委改由科学技术部管理，将科技工作从社会建设领域调整到经济建设领域；⑦实施一系列新的重要举措，在深化科技领域“放管服”改革、破“四唯”、改“三评”、强化基础研究、加强人才队伍建设和作风学风建设等方面出台了一系列政策措施。党中央对科技工作的重视前所未有，我国科技发展正在进入全新时代。

二是我国林草事业正在发生历史性深刻变化。新中国林草事业发展历史大致可分为 3 个阶段：第 1 个阶段是 1949—1998 年，可称为过度开发利用森林资源阶段，即以木材生产为主的发展阶段，约采伐木材 60 亿 $m^3$，为国家经济建设作出了重要贡献。林业工作的对象是森林生态系统和野生动植物保护，即 1 个生态系统和 1 个多样性。第 2 个阶段是 1998—2018 年，可称为快速推进造林绿化阶段，即以生态建设为主的发展阶段，仅 2000 年一年的中央造林投资就相当于 1949—1998 年的总和，之后每年造林面积保持在 666.67 万 $hm^2$（1 亿亩）以上，森林覆盖率从 1998 年的 16.55% 提高到 2019 年的 22.96%。林业工作增加了湿地和荒漠化管理职责，变成 3 个生态系统和 1 个多样性。第 3 个阶段从 2018 年开始，进入以生态保护修复为主的发展阶段，主要任务是保护管理林草资源，提高陆地自然生态系统质量和稳定性。工作职责增加了草原管理，变成了森林、湿地、荒漠、草原 4 个生态系统和 1 个多样性，形成今天林草部门的新职能，即统一组织推进大规模国土绿化、统筹“山水林田湖草沙”系统治理、统一管理以国家公园为主体的各类自然保护地以及监管森林、草原、湿地、荒漠和野生动植物资源利用，从更高层次更高要求建设生态文明和美丽中国，推动实现人与自然和谐共生。

上述“两大变化”是林草科技最直接的现实背景，既是机遇，也是挑战，迫切要求林草科技因时而变、因事而变，抓住大趋势、下好先手棋。

**（二）准确把握“四大问题”对林草科技提出的任务要求**

一是“自然生态系统质量不高”问题。林草部门最主要的职责是保护修复自然生态系统，提高自然生态系统质量和稳定性，这一任务十分艰巨。我国中度以上生态脆弱区占陆地总面积的 55%，草原中度和重度退化面积占 1/3 以上，湿地生态状况评为“中”和“差”的分别占 52.68% 和 31.85%，全国荒漠化土地面积占陆地总面积的 27.20%。全国森林面积中，人工林占 36%，中幼龄林占 65%，质量好的森林仅占 19%。土壤、水体、大气污染严重，林草病虫害和火灾等灾害频发。“万物得其本者生，百事得其道者成。”只有了解自然，才能尊重自然、顺应自然、保护自然；只有认识规律，才能把握规律、遵循规律、按规律办事。掌握林草事业建设规律和科学技术，实现自然生态系统治理科学化，真正提高自然生态系统质量和稳定性，必须加强科学研究。

二是“林草产业转型升级不快”问题。林草产业涵盖一、二、三产业，关系人们的衣食住行娱，是国民经济发展的基础产业，是山区、林区、沙区、牧区人民群众增收就业的主导产业，是满足人民群众对生态产品强烈需求的主要产业。2020 年我国林业产业总产值达 8.17 万亿元。但总体上看，我国林草产业属于劳动密集型产业，生产方式粗放、技术装备差、创新能力弱。据国家木竹产业技术创新战略联盟统计，规模以上企业具有研发能力的仅占 28.60%，研发经费投入仅占营业收入的 0.75%，远低于 1.23% 的全国平均水平。80% 以上的企业属中小规模，人均生产率不到发达国家的 1/6，产品附加值低，在全球产业分工中处于中低端水平。林草三次产业产值比例为 33 : 48 : 19，第一、二产业比例过大。“绿水青山就是金山银山”，“美丽经济”具有巨大潜力。实现林草产业发展高质化，加速推动我国实现从林草产业大国向强国转变，更好地服务于新发展格局构建，必须依靠科技创新。

三是“林草生产管理手段不新”问题。加快林草事业机械化、信息化、智能化建设是提高林草生产率和解放劳动力的根本途径，是实现林草事业现代化的必然要求。林草行业生产经营和管理手段传统且简陋，机械化、信息化、智能化水平过低。我国户外林草机械多处于空白或起步阶段，机械化造林仅占10%，苗圃生产机械化程度只有45%。林农开展林业种植、抚育、管理、采伐主要靠人力，成本负担重。林草基层管理部门地处偏远、发展滞后、设施短缺，条件普遍较差，具备交通工具、通信设备和计算机的林业站分别占全国乡镇林业站总数的36.09%、61.34%和74.63%。实现林草生产管理现代化，必须大力加强科技工作。

四是“公众生态科学素养不高”问题。加强林草科学普及，提升公众生态科学素养是从根本上建立人与自然和谐关系的基础。长期以来，我国德育教育主要围绕如何处理人与人、人与社会关系的层面进行，一定程度上忽略了关于如何处理人与自然包括人与其他生命关系的教育，造成公众生态科学素养普遍偏低。数据显示，2020年我国公众具备基本科学素养的比例刚刚超过10%，远低于加拿大（42%）、美国（28%）等发达国家水平，而公众生态科学素养更低。如果人民群众只是热情地关注、积极地参与，却不掌握一定的科学知识，往往就会好心办坏事。提升公众生态科学素养，推动形成改造客观世界和改造主观世界并重的完整林草事业发展观，从根本上发挥人民群众主体作用，实现林草事业建设全民化，必须加强科学普及，把科普工作摆到与科技创新同等重要的位置。

解决上述“四大问题”，是林草科技最主要的现实任务。形成这些问题的根源在于科技供给不足，解决这些问题的途径在于加快科技发展和创新，迫切需要咬住“问题”不放松，力争在较短时间内高质量解决。

### （三）清醒认识“五大短板”对林草科技形成的重要制约

一是“人才不足”短板。高端人才不足和队伍青黄不接是新阶段林草科技面临的最大危机。人才不足则缺“底气”。我国从事林草科技活动的人员 1.43 万人，其中县（区）级部门从业人员 2 578 人，平均每个县还不到 1 人。全行业两院院士仅有 14 人，且 70 岁以下只有 3 人。全国草原科研人员不足 1 200 人，30 岁以下仅占 3.30%。今后 5 年，林草系统科技人员将整体进入退休高峰期，青黄不接问题趋于严重。高等院校林草专业吸引力不强，且科技人才培养周期长，人才队伍面临源浅流短的窘境。

二是“机制不活”短板。机制僵化是新阶段林草科技的最大痼疾。机制不活则缺“灵气”。科研管理部门和科研院所普遍思想解放不够，视野格局较窄，进取精神不足，科技管理因循守旧，科学评价“四唯”犹存，科技创新资源分散、重复、低效，激励约束机制缺乏，抑制了科技创新活力。

三是“基础不强”短板。基础条件薄弱是新阶段林草科技的最大痛点。基础不强则缺“元气”。平台整体数量少，条件设施落后，运行水平不高，特别是野外平台、国家级平台、有持续保障的平台少，目前只有 1 个国家重点实验室。中央林草科技经费每年投入约为 10 亿元，不足中央林业财政投资的 1%，与林草事业发展相比杯水车薪。

四是“成果不适”短板。成果与实际需求脱节是新阶段林草科技的最大窘境。成果不适则缺“地气”。科技成果供给与需求不对称。虽然国家级成果库入库成果达到 1 万项，但能满足基层需求、接地气、有成效、受欢迎的实用成果数量不多。

五是“转化不畅”短板。科技推广转化水平不高是新阶段林草科技的最大瓶颈。转化不畅则缺“生气”。科技推广转化组织体系呈现网破线断人散局面，特别是县以下林草科技推广机构大幅减少，有的地方出现无人员、无经费、无渠道“三无”情况；即使设有机构，也普遍存在激励机制缺乏、推广人员年龄老化、岗位兼职化等突出问题，科技推广“最后一公里”里程延长、难度加大。

这“五大短板”是对林草科技最具象的现实写照，主要是长期以来重视不够导致的。只有将短板补齐、气血补足，才能让林草科技身强体壮、充满生机活力。

## 二、建设高水平林草科技创新体系的思路和对策

当前，我国林草科技工作的内容、目标、任务、要求都已发生根本性变化。林草科技工作的主要矛盾是落后的科技发展水平与林草事业高质量发展需求之间的矛盾，主要任务是加快发展，主要目标是建设林草科技创新体系，充分发挥创新引领发展作用，为建设生态文明和美丽中国提供有力支撑，为助力我国成为世界主要科学中心和创新高地作出积极贡献。在新阶段，林草事业发展任务越重、要求越高，越要重视科技工作，努力形成充分依靠科学研究进行决策的新机制，形成依靠科技创新实现高质量发展的新局面。

### （一）工作思路

以习近平新时代中国特色社会主义思想特别是习近平总书记关于科技创新重要论述为指导，坚持“四个面向”，紧扣“林草事业高质量发展和现代化建设”主题，突出“建设高水平林草科技创新体系”主线，狠抓“强基础、活机制、优管理、提效能”4个着力点，统筹科学研究、推广转化、标准质量、综合保障四大板块。力争到2025年，建成较高水平的林草科技创新体系，科技进步贡献率达到60%，科技成果转化率达到70%；到2035年，全面建成高水平的林草科技创新体系，科技进步贡献率达到65%，科技成果转化率达到75%，跨入林草科技创新强国行列。

一是紧扣“一个主题”。现代化水平取决于科技的高水平，高质量发展体现在科技的高含量。林草成果建设是“表”，处于林草事业链的“末”端；科技支撑是

“里”，处于林草事业链的“本”端。要坚持服务于林草事业高质量发展和现代化建设，努力将林草事业推入依靠科技支撑引领的发展轨道。

二是突出“一条主线”。抓好高水平林草科技创新体系建设是充分发挥林草科技支撑引领作用的前提和根本。要紧紧围绕高水平林草科技创新体系建设，查短板、强弱项、补不足，加快健全完善体系，切实提高治理能力，努力让科技走到生产前头，充分发挥科技支撑引领作用，尽量避免走弯路、犯错误。

三是狠抓“四个着力点”。这是抓好林草科技工作的策略方法。“强基础”即要多做打基础利长远之事，瞄准基础薄弱点用力抓、持续抓，绵绵用力，久久为功；“活机制”即要紧紧扭住机制创新这个牛鼻子，大胆改、勇敢试、灵活变，激活一池春水，释放潜在巨能；“优管理”即要优化科技管理的内容和方式，调动各方积极性、能动性，形成上下左右内外高效协调运行局面；“提效能”即要坚持问题导向、目标导向、结果导向，注重系统谋划，统筹兼顾，创新方法，尽力提高绩能绩效。

四是统筹“四大板块”。这是抓好林草科技工作的总体布局。科学研究板块是“生产单元”，主要目标是选育优秀科研人才，改善科研条件，产生更多更好的科技成果；推广转化板块是“销售单元”，主要目标是把更多更好的科研成果更快更高效地转化为现实生产力；标准质量板块是“规范单元”，主要目标是做好制定标准和质量检测工作；综合保障板块是“保障单元”，主要目标是提供好人财物等各项保障。这“四大板块”既相对独立，又紧密联系，共同构成林草科技创新体系的主体框架。

**（二）主要对策**

一是抓思想认识和组织领导。这是做好林草科技工作的基本前提。科技工作是科技决策、科学管理、科学建设、科学发展的重要基础，要充分认识林草科技的极端重要性，彻底改变林草事业科技含量低、科技有没有无所谓的错误认识，将科技工作作为林草事业建设的第一要务和首道工序，并将其贯穿于林草事业建设全过程。

思想认识不到位，行动就跟不上；思想观念不解放，出路就打不开。要敢于打破常规、突破束缚、摆脱桎梏，灵活求变，大胆创新，只要符合中央精神，都可以大胆尝试、探索、开展和推进。要树立科技先导理念，建立“一把手”抓科技工作格局，真抓实干，做到抓主业更抓科技、重工程更重科技、强管理更强科技。林草科技部门首先要提高思想认识，切实增强责任感，带头做到位，又要动员起来，积极争取各部门各方领导支持。

二是抓科技人才队伍建设。这是做好林草科技工作的坚实基础。创新驱动实质上是人才驱动，综合实力竞争归根到底是人才竞争。“十年树木，百年树人。”人才工作必须早抓大抓。要抓好各层次人才队伍建设，重点是深入推进国家林草科技创新人才建设计划，培育一批青年拔尖人才、领军人才和创新团队。要抓好人才队伍各环节建设，完善人才培养、引进、评价、使用、激励等制度。要动员各方面共抓人才，积极调动各有关管理部门、企业主体、科研单位、社会组织等高度重视、充分参与、发挥作用、贡献力量，努力形成重才、爱才、育才、用才的浓厚氛围和人尽其才、人才辈出的良好局面。

三是抓科技体制机制创新。这是做好林草科技工作的核心关键。机制创新是最大的创新，必须坚持以机制上的突破来带动全局工作上的提升。要优化科研机构设置，重点支持建设好中国林业科学研究院、国际竹藤中心，及国家草原科研机构、林草高等院校，强化国家林草科技战略支撑力量。要改革科研管理机制，破除“四唯”，构建突出创新能力、质量、贡献、绩效的科研评价制度。深化“放管服”，赋予科研人员更多信任和自主权。要落实好国家林业和草原局党组实施的激励创新人才二十条政策，加大科技成果奖励、绩效分配、职称破格评定等激励力度。要探索“揭榜挂帅”等科技攻关机制，谁能干就让谁干。

四是抓科研项目牵引。这是做好林草科技工作的管用手段。做好科研工作，必须要有项目支持，发挥项目牵引人才、平台、成果等作用。要争取一切可争取的力量，采取灵活多样的方式形成项目。要积极争取国家重点研发计划项目，力争将更多需求纳入国家“十四五”重点研发计划。要认真组织实施国家林业和草原局揭榜挂帅应急科技攻关项目，着力解决重大难点问题。要积极引导众筹设立行业重点项目，团结各有关科研院所、企业“自带干粮”合力攻关。要支持局直属单位和创新联盟自设项目，利用自有资金因需设立科研项目。

五是抓科技条件平台建设。这是做好林草科技工作的重要支撑。林草科技研究的主要对象是自然生态系统，林草科技研究的实验室就是没有围墙和边界的大自然。林草科技平台是观察研究自然生态系统的窗口和眼睛。要加快建设步伐，优化建设布局，完善平台类型，强化平台管理，特别是要重点抓好生态定位站、长期科研基地等野外平台建设，以及创新高地、协同中心、创新联盟等协同平台建设。要积极争取设立国家级生态定位站、重点实验室、技术创新中心、工程技术研究中心等平台，切实加强国家林草科学数据、国家林草种质资源库等科技服务平台建设。

六是抓科技成果转化应用。这是做好林草科技工作的必破瓶颈。要加强科技推广机构和队伍建设，深入开展寻找“林草最美科技推广员”活动，充分发动企业、社会组织等社会力量，壮大科技特派员、林草乡土专家队伍，确保事有人管、活有人干。要改进科技成果收集入库机制，确保优秀成果及时入库和应入尽入，提高成果与需求的精准度、融合度、匹配度。要拓宽成果转化渠道，丰富成果转化形式，充分发挥工程技术研究中心、推广转化基地、科技示范园、线上线下交易市场等平台作用，着力做好技术培训指导、科技服务等工作。要创新成果转化激励机制，调动各方面积极性，形成共抓成果转化良好局面。

七是抓林草科学普及。这是做好林草科技工作的重要要求。科普工作十分重要，但又易被忽略或轻视。要加强组织领导，切实把抓科普和抓科技创新摆在同等重要位置。林草科普资源丰富，科普品牌建设具有良好基础，要组织策划开展高质量的科普活动，全力打造“科技周”“爱鸟周”等品牌活动和《秘境之眼》等品牌栏目。要充分发挥全社会力量，团结建设数量庞大、素质优良的科普专业人才队伍和志愿者队伍。联合科学技术部创建一批国家林草科普基地，培养一批高水平的科普讲解员，充分发挥林草领域各类自然保护地的科普功能。

八是抓标准质量体系建设。这是做好林草科技工作的重要内容。坚持制定标准要有用好用管用的理念，立足应用，系统设计，强化评估，加快建设高质量林草标准化体系。在2021年完成体系架构，在“十四五”期间完成体系建设，以一流的标准化引领林草事业高质量发展。探索建立林草产品追溯体系和林产品质量安全检验检测体系，确保食用林产品安全。加快培育一批“中国制造”和“中国服务”的林草品牌，构建新型林草品牌建设服务体系。

九是抓国际科技合作交流。这是做好林草科技工作的广阔舞台。秉持全球视野，加强与“一带一路”沿线国家林草科技合作，主动组织或参与国际重大科研活动。持续推进引智工作，学习和引进国际先进技术、理念和经验。通过专家派出、技术输出等形式开展援外活动，支持科研机构在境外合作建立林草技术研发、成果转移和试验示范基地等，促进交流合作。

十是抓科研环境优化再造。这是做好林草科技工作的必要条件。除了物质条件，科研环境也十分重要。要切实加强知识产权保护、科研诚信体系建设等工作，营造公平竞争的创新环境。积极营造崇尚学术、尊重科学、鼓励创新、包容创新的良好环境。大力弘扬爱国精神、创新精神、求实精神、奉献精神、协同精神和育人精神，激励广大林草科技工作者热爱祖国、献身林草事业。改善科研人员生活工作条件，使人才更加有尊严，更加有创造激情。

## 三、林草科技重点研究方向

一是生态系统保护修复研究方向。自然生态系统运行机理非常复杂，科学认知难度极大，研究积累上还十分不足。这个问题不解决，就不能按照自然规律去保护修复自然生态系统。迫切需要持续开展生态系统结构和功能等长期连续定位观测，加强“山水林田湖草沙”耦合机制和系统理论研究，以及林草生态工程提质增效、生态系统健康诊断等关键技术研究，显著提升自然生态系统质量和稳定性，支撑美丽中国建设。

二是应对气候变化和碳中和研究方向。围绕应对气候变化和实现碳中和目标等重大战略需求，主要开展林草生态系统碳储量与碳汇计量监测方法、碳汇时空变化格局及环境驱动机制研究，攻克林草生态系统减缓和适应气候变化固碳增汇技术，建立全要素的区域性林草碳储量增量模型体系，提升林草生态系统固碳能力。

三是林草资源培育与经营管理研究方向。我国林草资源总量不足、质量不高，迫切需要加强培育和经营。要重点研究人工林定向培育等基础理论，攻克主要林木、竹藤、花卉资源高效培育、低质低效林改造、经济林精准栽培、全周期多功能经营、天空地一体化资源监测等关键技术，有效提升我国林草资源培育经营管理水平，促进林草资源数量和质量双提升。

四是林草资源高效开发利用研究方向。我国林草资源综合利用效率不高、生态产品供给能力不足，绿水青山中蕴藏的巨大财富远未得到挖掘变现。要重点研究在食品、生物制药、基因工程、生物质能源等方面发挥林草资源优势的理论和技术，攻克木竹产品绿色制造、木质家居产品智能制造等核心关键技术，创制更多满足人们生产生活需求的绿色产品。

五是野生珍稀濒危动植物保护研究方向。保护和拯救野生珍稀濒危动植物任务十分艰巨。要重点开展野生动植物资源保护与种质资源挖掘，濒危野生动植物繁育保护，野生珍稀濒危动植物种群及其栖息地监测、遥感分析、系统保护规划、生境适宜性分析，加强人与野生动物冲突发生机理和调控等技术研究，建成野生珍稀濒危动植物远程智能监测平台，为生物多样性监测与保育提供科技支撑。

六是林草重大灾害防控研究方向。松材线虫病等重大灾害面积不断扩散蔓延，林草火灾发生频次居高不下，生物安全威胁日益增大。要启动建设中国林草生物安全科技协同创新中心，实施好松材线虫病防控、森林雷击火防控等揭榜挂帅应急科技攻关项目研究，重点研究主要有害生物灾变及扩散流行机制、林火行为发生机理等基础理论，突破有害生物智能精准监测预警与绿色调控、林草火灾快速监测与扑救风险精准评估等关键技术，开发有害生物快速检测及多功能复合药剂防治产品、火灾扑救和安全防护技术装备，构建林草灾害生态调控体系。

七是林草装备与信息化研究方向。加快建设国家林草装备科技创新园和东北现代林草智能装备研发基地，成立国家林草智能装备研究院，重点攻克林草复杂地形动力底盘、自行走机器人等关键共性技术，研制多功能营造林及森林质量提升、草地精准补播、沙地快速规模治理、病虫鼠害防治、经济林果采收、木材及人造板智能柔性制造等机械化智能化装备，有力提升我国林草装备创新供给能力。

八是科学绿化和生态宜居研究方向。我国城市森林质量不高，乡村景观建设技术短缺，城郊森林生态、社会和保健综合功能发挥不足，与人民对美好生活的需求相差较大。要重点开展城市森林功能提升、美丽乡村景观营造、草原牧区宜居环境整治、森林康养定向功能提升等关键技术研究，探索具有北方特色、江南水乡特色、西北绿洲特色等生态宜居乡镇样板，建设“生产、生活、生态”融合的宜居城市和美丽乡村。

九是林草花卉种业研究方向。要加强对林草种质资源的收集、保存，重点研究优异种质挖掘与创新利用、目标性状形成分子调控机制等基础理论，攻克精准高效育种、种苗规模化繁育等关键技术，挖掘重要价值种质和基因，快速培育突破性战略品种和材料，提升我国自主创新林草种业市场占有率。

十是林草重大战略研究方向。围绕林草事业现代化建设和生态文明建设中的一系列重大问题，重点开展“山水林田湖草沙”系统治理、“绿水青山就是金山银山”实现途径、乡村振兴中的林草事业发展、林草产业高质量发展、林草“一带一路”国际合作等重大问题战略研究，为林草治理体系和治理能力现代化建设提供有力支撑。

## 作者简介

郝育军，男，1975 年生，国家林业和草原局科学技术司司长，兼任中国农业发展战略研究院理事、中国林学会副理事长。在《理论动态》《绿色时报》等重要期刊、报纸上发表文章 50 余篇。先后获得中国产业经济好新闻奖二等奖、第五届环境新闻奖一等奖、关注森林新闻奖二等奖等奖项，以及国家林业和草原局优秀共产党员、全国森林防火工作先进个人、国务院扑火前线总指挥扑火先进个人、国家林业和草原局“十佳青年”、中央国家机关首届“五四青年奖章”等荣誉称号（奖章）。

# 中非竹产业发展合作愿景分析报告

薛秀康

（国家林业和草原局调查规划设计院教授级高工）

## 一、前　言

中国是世界上竹资源最丰富、竹林面积最广阔、竹产量最大的国家，在竹子栽培与加工、利用、研发水平及生产能力上均居世界先进地位，是全球竹产业发展的先行者和领导者。中国竹林面积超过 700 万 $hm^2$，占世界竹林总面积近 1/5，2019 年中国竹产业产值接近 3 000 亿元，近 1 000 万人从事竹产业，拥有发展竹产业的丰富经验和技术储备。目前，我国已有国家级和省部级竹类研究成果 50 多项，在竹林培育、竹材加工及竹子综合利用方面申请的国家发明专利近 200 项；竹产品有十大系列 3 000 种以上。中国利用在竹产业发展中的技术和产能优势，与非洲国家分享竹产业发展经验和竹子开发技术，推动非洲地区竹产业的发展，帮助非洲国家发展经济、摆脱贫困，是落实习近平总书记所倡导的构建人类命运共同体的具体行动。

2018 年 9 月，习近平总书记在中非合作论坛北京峰会开幕式主旨讲话中指出，中国愿同非洲国家密切配合，为非洲实施 50 个绿色发展和生态环保援助项目，包括

* 2021 年，国家林业和草原局国际合作司指令性计划项目成果报告。

建设中非竹子中心，帮助非洲开发竹藤产业。2021 年 11 月 29 日，习近平总书记在北京以视频方式出席中非合作论坛第八届部长级会议开幕式并发表主旨演讲，他指出，作为《中非合作 2035 年愿景》首个三年规划，中国将同非洲国家密切配合，共同实施绿色发展工程等“九项工程”。探讨中非竹产业发展合作愿景，是落实 2018 年中非合作论坛北京峰会成果的具体步骤，是对“一带一路”倡议、“南南合作”精神的积极响应，对实现《中非合作 2035 年愿景》目标具有重要意义。

非洲是世界三大竹子分布区之一。非洲的生产和加工技术落后，同时缺乏发展资金，阻碍了竹产业的发展，丰富的竹类资源没有得到很好的开发利用。近年来，一些非洲国家政府逐步认识到了绿色可持续发展的重要性和竹子的经济与生态价值，开始大力提倡发展竹产业，制定竹子发展战略规划，并希望通过各种形式的国际援助，促进竹资源可持续利用。因此，中非竹产业发展合作具有良好愿景。

## 二、非洲竹产业发展现状

### （一）非洲竹类资源及其分布

非洲竹资源主要分布于莫桑比克南部（23° S）至苏丹东北部（16° N）之间的区域，从西海岸的塞内加尔南部开始，向东依次经过几内亚、利比里亚、加纳和尼日利亚南部、喀麦隆、加蓬、刚果（金）、刚果（布）、乌干达、肯尼亚、坦桑尼亚、莫桑比克，直到东部的马达加斯加岛。非洲的原生竹主要集中在东南非和西非国家。非洲原产木本竹种有 16 属 40 种 1 个品种，引进竹种有 7 属 18 种 1 个品种。在原产竹种中，高地竹和低地竹分布最广、资源量最大，是东部非洲和南部非洲的主要竹种。高地竹为高大的散生竹种，平均高 12 ～ 20 m，直径 8 ～ 12 cm，中空，壁厚，节间长 30 ～ 75 cm，其竹材比我国毛竹的刚度高，而韧性略低，在原竹建筑和竹质人造板方面都具有利用可行性。低地竹为丛生竹种，竹竿圆筒形，壁厚或实心，平均高 6 ～ 8 m，直径 4 ～ 8 cm，节间长 20 cm，主要用于制作家具和篱笆。

对于非洲竹资源的系统清查工作至今尚未开展，没有可信的数据。2005 年，专家估计非洲竹林面积约 2 636 万 $hm^2$，约占非洲总森林面积的 4%。2016 年，根据国际竹藤组织（INBAR）评估，埃塞俄比亚、肯尼亚和乌干达的竹林面积分别为 147.45 万 $hm^2$、13.33 万 $hm^2$ 和 5.45 万 $hm^2$，比往年估值更大。

### （二）竹类资源利用与产业发展

在非洲，竹子的利用与土著文化有着密切的联系，主要为满足人们的生活需要及当地的市场需求，广泛应用于诸如搭建住房、篱笆，编织筐篮，制作水管、农业用具、家具，作为燃料等传统用途，而竹类造纸、竹建材、竹地板、香棍、竹炭及竹工艺品等工业化产品应用较少。总体而言，非洲竹类理化性质研究及利用主要集中于几个分布较广泛的经济竹种，非洲竹子的工业化利用尚处在起步阶段，产业规模小，与中国等亚洲国家的水平还有较大差距。由于大部分东非国家官方语言为英语，在国际交流方面更加便捷，获取信息更加及时有效，因此，东非竹产业的发展位于非洲的前列。非洲竹类资源利用与产业发展水平较高的国家依次为埃塞俄比亚、加纳、乌干达、肯尼亚、尼日利亚、喀麦隆、坦桑尼亚、卢旺达、马达加斯加。

### （三）竹制品贸易

非洲竹制品贸易量在全球竹制品贸易中所占份额较小。国际竹藤组织贸易报告显示，2019 年全球竹产品出口贸易额为 30.54 亿美元，其中非洲为 1 900 万美元，仅占全球的 1%；中国为 20.49 亿美元，占全球竹产品出口总额的 67%，仍是全球最大的竹产品出口国。绝大多数非洲国家属于竹产品的净进口国家。

## 三、竹产业发展面临的挑战及机遇

### （一）面临的挑战

1. 政局动荡不稳，政治风险居高不下

一些非洲国家由于长期受西方殖民统治，独立建国时间不长，政治体制建设不完善，民主法制体系建设不健全，殖民时期遗留的一些历史问题导致国家间、国内部落间、种族间矛盾纷争不断，内战不停，军事政变时有发生，政局十分动荡。一些前殖民地宗主国及美英等西方大国也在背后极力挑拨离间中非关系，因此，在非洲大陆投资、发展竹产业合作面临极大的政治风险。

2. 基础设施建设落后

过去几十年间，中国在非洲投下巨资，帮助非洲国家建设基础设施，修建铁路、公路、桥梁等。但是，非洲仍然是基础设施最落后的大洲。发展任何产业都离不开基础设施，否则就是纸上谈兵。架桥修路不仅需要大量资金，而且也不是一朝一夕的事。

3. 资源家底不清

对于非洲竹资源的系统清查工作至今尚未开展。现有的各国竹类资源数据基本上是基于一些国际组织和专家通过卫星遥感图像数据估测估算的，没有结合地面调查进行校正，数据的可靠性差。联合国粮食及农业组织发布的《2010 年全球森林资源评估》表明，非洲竹林面积约 363 万 $hm^2$；国际竹藤组织 2019 年统计（不包括刚果（金）数据），非洲竹林面积约 600 万 $hm^2$，两者相差悬殊。

4. 民众对竹子的认识不够

一是当地居民没有意识到竹子的产业价值，发展竹产业的积极性较低；二是竹子生长较快，经常被认为是一种侵占土地的物种，居民们担心竹子会取代原生植物，改变栖息地环境，破坏食物链。

5. 缺乏资金和政策支持

非洲竹产业仍处于初级阶段，政府在该行业的参与度较低，缺乏清晰的发展方向，给予的资金和政策扶持力度有限，金融机构不愿给予信用支持。目前，官方公布的竹资源集中在森林禁伐区，竹林的可持续经营管理难以实现，一些国家和地区关于森林的政策制约了竹产业发展。

6. 技能和技术的限制

非洲国家普遍缺乏农林科学技术推广网络和服务体系，农户缺乏竹子种植和经营专业知识；企业缺乏组织和研发人才，产品创新和营销技能不足；市场发育不良、竹产业链不完善。

### （二）面临的机遇

1. 中非传统友谊和中非合作论坛为中非竹产业发展合作架设了桥梁

中非传统友谊经历了半个多世纪的考验，中国人民和非洲人民同呼吸、共命运，政治关系和经济关系不断加深。习近平总书记在2021年11月29日视频出席中非合作论坛第八届部长级会议开幕式主旨演讲时指出：中非建交65年来，双方在反帝反殖民地的斗争中结下了牢不可破的兄弟情谊，在发展振兴的征程上走出了特色鲜明的合作之路，在纷繁复杂的变局中谱写了守望相助的精彩篇章。2018年9月，中非合作论坛北京峰会上，中国政府承诺为非洲实施50个绿色发展和生态环保援助项目，在非洲建设中非竹子中心，帮助非洲开发竹藤产业，为中非竹产业合作带来了空前的机遇。

2. 国际竹藤组织将助力中非竹产业发展合作

国际竹藤组织是首个总部设在中国的政府间国际组织，其使命是通过联合、协调和支持竹藤的战略性及适应性研究与开发，消除贫困、保护环境，实现竹藤资源的可持续发展。作为世界竹藤大国和国际竹藤组织东道国，中国坚定支持并积极参与国际竹藤组织的各项工作，为实现全球可持续发展贡献中国智慧和中国方案。在国际竹藤组织的 44 个成员国中，来自非洲的国家有 19 个，中非开展竹产业发展合作渠道畅通。

**3. 中非竹子中心的成立是一个前所未有的机遇**

在埃塞俄比亚建立中非竹子中心，借鉴中国的成功经验，充分利用中国已经成熟的竹林培育和竹材加工利用技术，促进以埃塞俄比亚为中心的整个非洲区域竹子研究和开发利用水平的提高，为当地创造了大量就业机会，增加了收入，消除了贫困，这是非洲国家改善民生、减少对环境破坏的可行而现实的途径。

**4. 越来越多的非洲国家认识到竹子的多功能效益**

越来越多的非洲国家政府意识到竹产业在发展经济、改善民生、解决贫困及生态环境恶化等问题中的作用。竹子具有非常高的商业价值，可以作为多种产业的生产原料，用于造纸、建筑、纺织、食品、化工等领域。竹子不仅能够以其环境友好的特点作为生物能源改善气候，还可以通过参与碳交易获得收入，带动绿色经济发展。

## 四、中非竹产业发展合作潜力分析

非洲有多达 36 个国家拥有天然竹林，竹材资源丰富，但对竹子的开发利用仍处于初级阶段，主要用于传统的竹屋、篱笆、篮筐、水管等，竹产业发展刚刚起步，而中方在竹产业发展中有技术和产能优势。近年来，在国际竹藤组织的协调下，中国、欧盟、联合国相关机构等都积极在非洲开展合作项目，在竹资源开发、产业规划、竹建筑、竹炭等项目上投入技术和资金，帮助非洲国家培训竹农，打造从竹农到市场的竹价值链，中非竹产业发展合作有较好的前景。

## 五、中非竹产业发展合作优先领域与合作重点和目标

通过综合分析中非竹产业发展的现状及其特点，以及存在的主要问题、机遇与挑战，中非竹产业发展合作优先领域与合作重点应放在竹类资源调查、国家竹子发展战略制定以及投资与产业政策研究、竹林培育和竹产品质量标准制定、科技推广示范体系建立、管理与技术人员培训等方面。目标是授人以渔，互利共赢。

### （一）非洲竹类资源调查与监测

目前，关于非洲竹资源的准确信息仍非常有限，摸清其数量、分布及其可及性是保护和开发竹资源、发展竹产业的前提和基础；摸清家底也是编制规划、制定政策、落地项目、避免盲目投资的先决条件。中国森林资源调查与监测技术手段和专业人才储备是世界一流，有能力帮助非洲国家开展竹类资源调查与监测工作。综合竹类资源数量、政府支持力度、社会稳定性等各方面条件，此项工作可率先在喀麦隆进行试点。到 2030 年，协助非洲完成历史上首次竹类资源清查、调查工作。

### （二）国家竹子发展战略制定、投资与产业政策研究

投资无国界，但投资有风险。综合一国国情、竹情、民情，深入分析研究，才能制定出好的竹子发展战略，才能有效规避投资风险。中国企业走出去，由于对所在国的政治制度、法律法规、投资政策、产业政策、外汇政策、环境保护政策等吃不准、摸不透，教训颇多。中非竹产业发展合作行稳致远，必须分国别进行投资与产业政策研究，制定符合非洲各国国情的竹子发展战略。到 2030 年，协助非洲 10 个竹资源大国制定国家竹子发展战略规划，将非洲竹产品贸易占世界的比重从目前的约 2% 提高到 10%。

### （三）竹林培育和竹产品质量标准制定

以中国标准为依据，与非洲国家联合制定竹产业国际标准，以便于非洲竹产品

与中国市场、国际市场的对接。到 2030 年，协助非洲建立一个从竹林培育到竹产品加工，涵盖整个竹产业链的标准体系。

### （四）科技推广示范体系建立

将中国成功的农林科学技术推广示范体系引入非洲，建立竹林培育示范基地、竹产品生产加工销售示范区，引进、消化、吸收中国竹制品加工技术及生产线。到 2030 年，帮助非洲各国建立适合本国国情的农林科技推广示范体系；在东非、西非各建一个竹产业科技示范园区；每年资助非洲国家举办 2 个与竹产业有关的培训班，培训学员 2 000 人次。

## 六、中非竹产业发展合作愿景

### （一）帮助非洲地区实现联合国 2030 年可持续发展目标

在“一带一路”“南南合作”以及“中非合作论坛”框架下，以中国援建埃塞俄比亚中非竹子中心为契机，助力非洲地区实现联合国 2030 年可持续发展目标。

### （二）提升非洲国家绿色发展质量

绿色发展是经济发展的高级形态，是世界各国的普遍共识，也是高质量发展的最好注解。通过竹林的可持续经营，能限制土壤流失、土地退化，并降低对木材的依赖性，提升社会、经济和生态效益。从竹林培育、采伐（择伐方式）到加工利用整个产业链，各个环节都很环保，竹产业对环境友好。

### （三）提高非洲应对全球气候变化的能力

应对全球气候变化是世界各国的共同关注，也是大国之间唯一没有根本分歧的合作领域。以中国经验、中国智慧帮助非洲各国扩大竹林面积，提高竹林集约经营水平和竹林的综合碳汇能力，减少温室气体排放，将提高非洲应对全球气候变化的能力，并提升非洲在全球气候变化谈判中的话语权。

### （四）深化中非林业合作并且提高我国对外援助水平

通过对非洲竹类资源培育、加工利用、发展政策、传统民族特色竹制品以及市场容量等方面进行全面系统的研究分析，了解非洲各国的现实需要，精准把握中非竹产业发展合作的优先领域、重点方向，有利于深化中非林业合作、提高我国对外援助水平。

## 作者简介

薛秀康，男，1963年生，国家林业和草原局林草调查规划院教授级高工，1988年南京林业大学硕士研究生毕业，先后在中国林业科学研究院林业研究所和国家林业和草原局林草调查规划院从事林业科学研究与林业项目规划咨询工作，涉及产量生态学、植被生态学、造林学、自然与生物多样性保护、森林资源资产评估等领域，个人研究偏好为覆盖固沙、以草治草。1994—1998年中国林学会森林生态分会副秘书长，荷兰阿姆斯特丹大学访问学者，国家林业局“948”项目、荷兰国家自然科学基金项目负责人。

# 黑龙江省林下经济发展对策研究

曹玉昆　等
（东北林业大学教授）

## 一、黑龙江省林下经济发展的总体现状

### （一）林下经济发展已初具规模，社会经济效益凸显

据统计，黑龙江省共有林下植物资源 2 200 余种，分属 186 科 737 属。林下提供资源共 100 多种，蕴藏量达数亿吨。近年来，黑龙江省林下经济产品数量和产值增幅显著，以林菌、林果、林种、林养、林游和林工六个产业模式为支撑，实现了总量提升、效益提高。2014 年以来，黑龙江省森林食品年均产量超过 45 万 t，森林药材产量的年均增长率高达 68.52%。2014—2019 年，黑龙江省林下经济产值（182.66 亿～472.04 亿元）年均增幅达 24.87%，占林业产业总产值的比例由 13.23% 增至 36.78%。

### （二）形成以黑木耳为主体的林菌、林药、林果、林畜的产业格局

#### 1. 林菌产业

黑龙江省拥有全国最大的食用菌生产基地，涉及黑木耳、香菇、松茸、羊肚菌等 20 多个品种。产业基地包括尚志帽儿山、苇河、东宁绥阳、伊春等，培育了黑

* 2021 年，黑龙江省人民政府研究室专家专题调研报告。

尊、北货郎、尚志林管局、佰盛等多家龙头企业。从事林菌经营的专业合作组织超过 300 家。黑木耳产区主要集中在东宁市，苇河、方正、清河等地以及伊春林区，东宁市年产量占全国 20% 左右。2020 年，全省食用菌产值超过 360 亿元，占林下经济总产值的 76%。

2. 林果产业

黑龙江省红松子、榛子等特色坚果产能占全国 70%，蓝莓、蓝靛果、沙棘等野生浆果产量居全国第一。林果生产加工企业超过 600 家。亚布力局的小浆果种植基地、鹤立局的美国大榛子种植、八面通沙棘果栽培、大兴安岭野生蓝莓产业均已形成规模效应。伊春市已成为全国最大的红松子采集基地和东三省重要的蓝莓集散基地。

3. 北药产业

2020 年，全省中药材人工种植面积达 213 万亩，主要为水飞蓟、防风、人参、板蓝根、刺五加等 20 余个品种，其中人参、板蓝根、刺五加产量占全国 50% 以上。产区主要分布在大庆、齐齐哈尔、哈尔滨东部、牡丹江东部、佳木斯、伊春、庆安铁力七大产区。穆棱“两参”绿色面积、海林平贝种植规模均创新高。大兴安岭打造北奇神、松涛鹿苑和兴安鹿业等多个知名品牌。伊春建有药材种植和动物养殖基地 96 个（省级 6 个、市级 21 个）。

4. 林畜产业

黑龙江省毛皮质量居全国之冠。全省现有各类养殖合作社 600 多家，养殖毛皮动物 400 万只。中国北方高档特色肉食品、高质量皮毛产品生产和加工基地初步形成。中国龙江森林工业集团有限公司各类规模化养殖小区（场）已达 429 处。穆棱林业局已形成“生猪养殖—沼气工程—有机食品”循环经济链条；大海林、方正林业局已建立现代化程度较高的奶牛养殖示范牧场和狐貉养殖基地。

## 二、黑龙江省林下经济发展存在的主要问题与制约因素

### （一）林下经济作为主导产业后续发展基础先天不足

黑龙江省开展重点国有林区改革以来，相关体制机制尚未完全理顺，地方发展空间不足等问题突出，发展林下经济底子薄。随着天保工程的实施，国家出台大量政策规范森林抚育管护和林地承包使用，导致林下产业发展可利用林地量减少、原料不足、企业扩大规模困难。

林区发展林下经济的先天不足主要表现在以下 4 个方面：

一是基础设施落后，制约种养殖规模发展水平。

二是从事林下经济主要是职工家庭式经营方式，抗风险能力低。牡丹江、虎林、尚志、黑河地方林业调查显示，家庭规模 3 人、劳动力 2 人的住户居多，土地面积在 10 ～ 50 亩的比例较大，大多数住户林下经济发展没有补贴，参与合作社的占比仅为 13.74%（表 1）。

表 1　黑龙江省地方林业调查样本户基本情况描述

| 基本特征 | | 户数 / 户 | 比例 /% |
|---|---|---|---|
| 家庭规模 / 人 | ≤ 2 | 16 | 8.79 |
| | 3 | 132 | 72.53 |
| | 4 | 26 | 14.28 |
| | ≥ 5 | 8 | 4.4 |
| 劳动力 / 人 | 1 | 58 | 31.87 |
| | 2 | 87 | 47.8 |
| | 3 | 23 | 12.64 |
| | ≥ 4 | 14 | 7.69 |
| 土地面积 / 亩 | ≤ 10 | 39 | 21.43 |
| | 10 ～ 50 | 48 | 26.37 |
| | 50 ～ 100 | 23 | 12.64 |
| | 100 ～ 500 | 38 | 20.88 |

续表

| 基本特征 | | 户数 / 户 | 比例 /% |
|---|---|---|---|
| 土地面积 / 亩 | 500 ～ 1000 | 6 | 3.3 |
| | ＞ 1000 | 8 | 4.4 |
| 林业局补贴 | 有 | 46 | 25.3 |
| | 没有 | 118 | 64.84 |
| 经营风险 | 没有风险 | 23 | 12.64 |
| | 风险一般 | 97 | 53.3 |
| | 风险很大 | 61 | 33.52 |
| 林业局引导 | 有 | 125 | 68.68 |
| | 没有 | 55 | 30.22 |
| 合作经营情况 | 没有合作 | 147 | 80.77 |
| | 合作社 | 25 | 13.74 |
| | 基地 | 2 | 1.1 |
| | 企业 | 2 | 1.1 |
| | 其他 | 1 | 0.55 |

三是森林食品缺乏成熟配套的技术标准与规范。

四是停伐后黑木耳食用菌产业原料不足，野生蓝莓种群退化严重。

### （二）投入、扶持、激励政策没有完全落实，没有产生政策叠加效应

现有的国家和政府层面出台的林下产业扶持政策，多停留政策层面上，没有具体的实施方法、途径和具体标准，政策虽好，但实际操作起来难度较大。

林业职工和农民发展林下经济补贴政策差异明显。部分林下产品加工企业不能享受等同于农业产业化龙头企业的国家优惠政策。国有林区发展林下经济所需建设用地无法获得审批。

### （三）经营主体的权益得不到充分保护，影响投资者信心

国家层面尚未出台明确的法律法规明确定性国有林区林下资源承包经营权，经营主体的权益得不到充分的保护。表现在：林下经济保险补贴的缺失；浆果承包经

营户的产品所有权得不到保障；林下产品品牌建设不力，经营主体利益受损。

## （四）经营主体资金不足，生产企业经营融资困难

林区的职工和企业普遍存在资金能力薄弱问题，在融资问题上又面临着经营主体抵押资产不足、获贷款额小、贷款手续繁杂、还款期短、贷款渠道单一等现实问题。

## （五）经营产品种类多，但生产规模小、效益低下

黑龙江省林下经济发展之初，都是林农自发经营，没有统一规划，发展至今，普遍呈现种类丰富、规模较小、同质化严重的局面。

黑龙江省地方林业林下产品加工企业调研情况表明：企业普遍规模较小，仅有3家企业资产过亿元；民营企业占比88.89%；省级高科技产业只有1家；有10家企业无研发部门；通过国际质量认证的企业占比为38.89%。由表3可以看出，资金和政府支持因素是企业最迫切需要解决的制约因素（表2）。

**表2　黑龙江省地方林业林下产品加工企业基本概况**

| 相关指标 | | 家数/家 | 占比/% | 相关指标 | | | 家数/家 | 占比/% |
|---|---|---|---|---|---|---|---|---|
| 所有制类型 | 国有企业 | 0 | 0.00 | 生产经营业绩 | 很好 | | 2 | 11.11 |
| | 民营企业 | 16 | 88.89 | | 较好 | | 8 | 44.44 |
| | 集体企业 | 1 | 5.56 | | 一般 | | 7 | 38.89 |
| | 其他 | 1 | 5.56 | | 较差 | | 0 | 0.00 |
| | | | | | 很差 | | 1 | 5.56 |
| 企业经营项目 | 林下产品加工制造 | 8 | 44.44 | 是否为龙头企业 | 不是 | | 7 | 38.89 |
| | 林下产品经销 | 2 | 11.11 | | 县级龙头企业 | | 1 | 5.56 |
| | 产品制造+经销 | 5 | 27.78 | | 市级龙头企业 | | 7 | 38.89 |
| | 其他 | 3 | 16.67 | | 省级龙头企业 | | 3 | 16.67 |
| 企业负责人学历 | 初中及以下 | 1 | 5.56 | | 国家级龙头企业 | | 0 | 0.00 |
| | 高中或中专 | 9 | 50.00 | 有无省级以上品牌 | 有（是否为省级高科技企业） | 是 | 1 | 5.56 |
| | 大专 | 3 | 16.67 | | | 否 | 17 | 94.44 |
| | 大学及以上 | 5 | 27.78 | | | | | |
| 研发水平 | 无研发部门 | 10 | 55.56 | | 没有 | | 12 | 66.67 |
| | 有研发部门 | 7 | 38.89 | 是否通过国际质量认证 | 是 | | 7 | 38.89 |
| | 有省级以上研究中心 | 1 | 5.56 | | 否 | | 11 | 61.11 |

表 3　黑龙江省地方林业林下产品加工企业生产运营情况

| 相关指标 | | 家数 / 家 | 占比 /% | 相关指标 | | 家数 / 家 | 占比 /% |
|---|---|---|---|---|---|---|---|
| 企业销路 | 很不好 | 2 | 11.11 | 面临压力 | 潜在进入者 | 6 | 33.33 |
| | 很好 | 0 | 0.00 | | 现有竞争者 | 9 | 50.00 |
| | 一般 | 6 | 33.33 | | 替代产品 | 3 | 16.67 |
| | 畅销 | 9 | 50.00 | | 供应商讨价还价能力 | 4 | 22.22 |
| | 很畅销 | 3 | 16.67 | | 购买商讨价还价能力 | 5 | 27.78 |
| 感觉压力如何 | 无压力 | 2 | 11.11 | 产业前景预测 | 前景不乐观 | 0 | 0.00 |
| | 压力一般 | 2 | 11.11 | | 前景一般 | 8 | 44.44 |
| | 压力很大，能承受 | 13 | 72.22 | | 前景很乐观 | 11 | 61.11 |
| | 压力很大，不能承受 | 1 | 5.56 | 制约企业发展的因素 | 市场需求 | 5 | 27.78 |
| 运营模式 | 批发 | 15 | 83.33 | | 技术 | 6 | 33.33 |
| | 代理 | 10 | 55.56 | | 资金 | 11 | 61.11 |
| | 特许加盟连锁 | 4 | 22.22 | | 政府支持 | 10 | 55.56 |
| | 直营 | 12 | 66.67 | | 竞争者行为 | 3 | 16.67 |
| | 超市推广 | 5 | 27.78 | | 原料短缺 | 3 | 16.67 |
| | 网络推广 | 10 | 56 | | 其他 | 2 | 11.11 |

### （六）产业发展缺乏强有力的组织保障，人才匮乏与人才浪费现象同时存在

林业部门对林下资源情况掌握不清，无法科学决策发展方向并实现动态监管。有的地区发展林下经济组织机构不健全，导致贷款担保、手续办理、绿标认证等问题无法有效解决。

专业技术人才匮乏。尤其缺少专职畜牧兽医技术人员、化验员、产品研发、野生品种改良、菌包替代原料研究、菌种接种研究等方面的专业人才。同时，因林区全面停伐，包括管理岗位的中层管理人员在内的工作人员大量富余。

## 三、黑龙江省发展林下经济的对策与建议

未来黑龙江省林下经济的发展要基于政策扶持、市场需求、技术创新与关联产业互动形成引导、供求、创新和带动机制，同时立足优势、科学规划，营造良好的

产业发展环境；合理布局、优化配置；攻坚克难、固本培元，优化企业的持续成长环境，构建产业合作发展体系。

**（一）尝试将发展林下经济作为撬动林区经济转型和国有森工企业改革的杠杆**

探索通过市场、产业等孵化手段，将林下资源转化成生产力，推动森工企业转型。依托资源优势和现有的工业基础，整体释放生态优势，形成生态溢出效应。大力发展森林康养产业，形成多元组合、产业共融、业态相生的商业综合体，使林区森林资源、生态环境与经济社会发展深度融合。

**（二）狠抓重点关键环节，提升林下经济产业化水平**

**1. 立足产业优势，创新发展食用菌产业**

利用对俄优势，开展食用菌原料进口；加快替代原料研究，解决木腐菌原料不足问题。提高良菌研发能力，进一步提高棚式吊袋黑木耳的比例，形成规模化生产。加快建设食用菌种植基地，推进标准化生产。

**2. 立足资源优势，重点发展林果产业**

在大兴安岭打造全国最大的野生蓝莓、红豆生产和深加工基地，在伊春建设全国蓝莓产品及生产要素集散中心。组织科研团队，解决浆果产品中有效成分保留率低、产品同质、创新乏力等问题。引导企业积极开发坚果浆果原料的提取物、保健品等系列产品，提升产品附加值。

**3. 立足物种优势，发展壮大北药产业**

依托林下丰富的中药材资源，结合气候环境特点，规模化种植产量大、用量大、用途广的大宗中药材品种，打造北药品牌。建设黑龙江省道地药材的种质基因库、种植基地和经营聚集地，将北药产业打造成为黑龙江省林区支柱产业之一。

**4. 立足地域优势，开发森林养殖产业**

加快畜禽标准化养殖基地建设。依托林间天然牧草、林下萌生的阔叶枝条等资源，重点发展森林猪、森林鸡、鹿等畜产品养殖，精深发展狐、貂等皮毛动物养殖。扩大国内销售网络，提升产品市场占有率与影响力；举办特色产品产销对接会，搭建无缝对接平台。

### （三）出台相关扶持、激励等政策，形成政策叠加效应

#### 1. 出台针对林下种养殖户的各项补贴政策

将中药材种植补贴试点扩大到国有林区；出台林下种植浆果补贴试点政策；对涉及林下经济活动的机械，给予农机补贴；对林区林下养殖，给予在农村已经落实了的各类畜牧养殖补贴。

#### 2. 允许本地龙头企业和外来战略投资者承包经营林地

大力发展经济林，待承包经营者有收益后，收取一定的资源占用补偿费，把林地资源盘活。建议对投资比较大、项目经营周期比较长的林地种养业，将林地经营期限延长至30年以上。

#### 3. 推动林下经济产业化发展基地和园区建设

力争实现种养殖户进基地、产品加工企业进园区。对于道路、水利、通信、电力等基础设施可参照新农村建设的政策给予林区资金安排；设立扶持林下经济发展的专项资金，加大对龙头企业的扶持力度。

#### 4. 解决发展林下经济所需建设用地问题

将规模化林下养殖所必需的配套设施用地纳入“设施林业用地”范围，实行备案制管理。对于龙头企业用地，探索开展林业用地和建设用地增减挂钩试点，将林区撤并的林场及职工宅基地开垦为林业用地，用于和林下加工企业所占用林地的“占补平衡”。

### （四）完善林下经济投资机制，加大金融扶持力度

1. 有效解决政府主导的金融抑制问题

逐年增加财政资金投入，推动形成多元化林下产业链。对有发展前景的林下经济项目给予合理的政策倾斜与财政税收政策支持。简化信贷流程，增强贷款审核和发放的灵活性。

2. 加大政策性金融对林下经济的支持力度

政策性银行可以通过农村商业银行的平台，开办专门针对林下经济委托贷款业务。对林区职工进行资质评估，开展小额无抵押信用贷款业务，形成提供项目启动资金—循环授信—提升贷款额度的放贷机制。为林下经济龙头企业提供大额政策性贷款。

3. 试行林下资源承包经营权抵押贷款

建议协调国家林业和草原局，推动林地所有权与林下资源经营权分离，在近山区和林缘空地试点实行此类“林权”改革，并确保林下资源的承包经营权可用于抵押贷款。

### （五）统筹规划林下经济协调规模化发展，切实保障林业经营主体的权益

1. 统筹协调，突破林下经营高同质性瓶颈

以林区、乡镇等为主单位进行特色产业发展，确保各地林下资源得到差异化开发和产业培育。根据各地林下资源状况、经济发展水平、市场需求和资源开发能力及林农意愿，科学制定适合当地的林下经济发展规划。

2. 提升品牌营造能力，推动产业融合

强化原生态产品的所有权管理，加强品牌知识产权保护。进一步拓展二产加工、三产服务范围，融入互联网、金融、信息等现代产业服务。促进物联网、二维码、射频识别等新技术的应用，建设产业发展新业态。

3. 建立林下经济发展典型示范机制

重点扶持模式典型、规模大、效益好、管理科学的林下经营企业，逐渐形成一批具有显著带动效应的示范基地。发掘乡土专家，进一步提升对区域林下经济发展的带动和示范效应。

### （六）强化组织保障、科技支撑与人才培养

1. 建立健全林下经济发展管理机构

形成自上而下的林下经济发展专业管理机构，专人专管，统筹发展方向、协调部门管理、解决具体问题。

2. 完善科技助力体系

加强关键技术标准与规范的研建。推动产前、产中、产后的一体化标准体系建设与配套技术措施开发；开发实用型林业科技成果，在困难立地造林、良种选育、种质资源收集、新品种引进等方面加强科学研究。

3. 大力提升人力资源素质

一是重视林下经济专业人才培养与队伍建设。积极搭建科研院所、大专院校和经营主体之间的合作平台，积极引进各类优质复合型人才，推进人才队伍建设。

二是加大对从事林下经济的技术人员培训力度。增加实用型、适用型专业培训，分层次、分步骤、循序渐进地对林下生产者进行选育种、养殖、林下采集、市场推广等相关技能培训。

## 作者简介

曹玉昆，女，1962 年生，教授、博导。东北林业大学农林经济管理博士学科带头人，黑龙江省科技经济顾问委员会农林生态专家组成员，中国林业经济学会森林资源与环境经济专业委员会副主任委员，龙江学者特聘教授，黑龙江省重点智库

“现代林业与碳汇经济发展研究中心”“生态文明与绿色经济发展研究中心”首席专家。主要研究方向为国有林区改革发展和国有森工企业管理。

单立岩，女，东北林业大学经济管理学院讲师、博士。

朱洪革，男，东北林业大学经济管理学院教授。

刘嘉琦，女，东北林业大学经济管理学院在读硕士研究生。

# 基于自然的解决方案泥质海岸湿地修复路径研究

陈　浩　等
（江苏盐城国家级珍禽自然保护区管理处研究员）

海岸湿地是宝贵的生态资源、环境和土地资本，江苏盐城市历来高度重视海岸湿地保护工作。1982 年，盐城市地委向省政府提出成立沿海滩涂省级自然保护区，开启了我国沿海湿地保护的先河；1992 年，盐城又向省政府申请建立了我国沿海首个国家级自然保护区。基于市委市政府的强力推进和盐阜人民的共同努力，2019 年 7 月，联合国教科文组织世界遗产委员会审议通过将“中国黄（渤）海候鸟栖息地（第一期）”列入《世界遗产名录》，位于盐城市的该项目成为我国第 54 处世界遗产、江苏首项世界自然遗产，填补了我国滨海湿地类型遗产空白，成为全球第二块潮间带湿地遗产，为盐城创建了金字名片。近些年来，由于自然因素和人为活动，盐城海岸潮间带滩涂湿地面积减少，生态服务功能降低。为此，探索实施盐城海岸湿地生态修复，以达护鸟、促淤、储地、固碳之功效势在必行。这是积极践行习近平生态文明思想，贯彻落实盐城市委“向海发展”和提升盐城“好生态”等战略的重要举措，对盐城市做好申遗后半篇文章、推进盐城持续高质量发展，具有重大的现实意义和深远的历史意义。

* 2021 年，盐城市政府社会科学基金项目研究成果。

## 一、盐城海岸滩涂湿地的形成及其价值

数千年来，由于长江和黄河尾闾变动，入海河流泥沙的带入，形成了独特的盐城湿地滩涂和生态环境，成为盐阜大地人民和湿地生物多样性共同的家园，也为盐城市的经济社会发展提供了强大的支撑。

### （一）盐城海岸滩涂湿地的形成

距今 7 000 年前—公元 1128 年，淮河作为苏北地区的“母亲河”，注入黄海的泥沙使得盐城海岸线每年向海推进 3 ～ 6 m。1128 年，黄河夺淮河入黄海，大量泥沙注入使得盐城海岸线向海推进平均速率每年高达 24 ～ 150 m。因此，形成了盐城海岸陆地的南部海积平原（位于射阳河口和东台北凌河口之间）和北部废黄河三角洲冲积平原（位于灌河口和射阳河口之间）两大区域。1855 年，黄河改道北归山东后，废黄河三角洲泥沙来源断绝，北部废黄河三角洲冲积平原由快速淤涨转为强烈侵蚀后退约 29 km。1960 年以后，由于固岸护堤工程的修建，岸线侵蚀后退得到控制。盐城市海岸线总体构成以稳定型海岸线为主，大致以射阳河为界线，中北部为侵蚀型海岸线，中南部为淤涨型海岸线，且侵蚀和淤涨交汇点呈逐步南移趋势。

### （二）盐城海岸滩涂湿地的独特价值

一是为盐城经济社会发展提供了强力支撑。1855—2005 年，江苏沿岸区域净淤积土地面积为 119 $km^2$，并且岸线逐渐变得平直。江苏盐城市域从 1900 年到现在围垦滩涂面积近 4 666.7 $km^2$（到 2010 年为 4 370.6 $km^2$），成为种植、养殖、工业与港口建设用地，为盐城经济发展提供了大量土地资源。

二是创造了盐城优质的生态环境。盐城沿海滩涂地貌演变复杂而独特，孕育出了丰富的湿地类型和多样性生物。该区域拥有高等植物 118 科 386 属 614 种，包括种子植物 104 科 372 属 594 种，蕨类植物 14 科 14 属 20 种；共有各类动物 1 612 种，

其中哺乳类59种，鸟类418种，两栖爬行类46种，鱼类216种，昆虫498种，底栖动物289种，浮游动物86种。依据新公布的《国家重点保护野生动物名录》，盐城沿海滩涂共有国家重点保护的野生动植物136种，其中，野生动物128种，野生植物8种；国家一级重点保护的野生动植物41种，国家二级重点保护的野生动植物96种。鸟类是该区域物种和栖息地保护的重点。在观察到的418种鸟类中，留鸟有38种，其余大部分为候鸟和旅鸟。根据盐城珍禽保护区的调查显示，每年春秋有300多万只鸻鹬类水鸟迁飞经过盐城，有近百万只水禽在盐城沿海滩涂越冬栖息，盐城海岸湿地是连接不同生物界区鸟类的重要环节，是拯救一些濒危物种的最关键地区，也是生物多样性十分丰富的地区之一。同时，广袤的滩涂湿地是盐阜大地抵御自然灾害的重要屏障，也为盐城优质的空气质量提供了强力支撑。

## 二、海岸滩涂演变使盐城后备土地和生态资源优势退化

由于入海河道的变迁和区域经济的快速发展，盐城海岸滩涂湿地发生剧烈变化，导致滩涂湿地由淤积增长变为侵蚀为主导，滩涂湿地面积正在逐渐变小，野生动植物的栖息地正在逐步退化乃至丧失，丧失与退化使黄（渤）候鸟栖息地自然遗产地和盐城持续高质量发展正面临严峻挑战。

### （一）盐城土地后备资源优势丢失

公开资料显示，盐城有582 km海岸线，45.3万 $hm^2$ 滩涂。但是，受历史上黄河入海改道及近海潮汐动力变化的影响，盐城海岸自北向南呈规律性变化，射阳河口为“北冲南淤”分界点。从海岸陆地地貌上看，灌河与射阳河之间由近代黄河夺淮入海后带来的泥沙淤积而成，黄河改道后，泥沙来源大幅减少，海岸线受侵蚀而逐渐后退；射阳河以南的海积平原区是近千年来海岸不断淤积而成的滨海平原，岸外有辐射沙洲屏护。已有研究表明，近三四十年以来，苏北的侵蚀岸段不再局限于废

黄河三角洲海岸，已扩大至两侧的滨海平原海岸。20 世纪 70 年代，南侧蚀积（淤）界限在双洋河口附近，80 年代移至大喇叭口，90 年代已南移至沙港闸附近（北距大喇叭口 7.5 km），此界限在二十世纪七八十年代以后以大约每年 1 $km^2$ 的速率南移。但近年来蚀积（淤）规律发生较大变化，蚀积（淤）交错出现。灌河口港口建设的双导堤两侧淤涨，导堤两侧侵蚀（含连云港侧）；滨海港导堤两侧发生淤积增加，导堤两侧外侵蚀加剧，尤其是双洋河口和中山河口；射阳河口 2011 年建设的港口导堤两侧淤涨，导堤 3 km 之外侵蚀，已扩大到大丰斗龙港沿海滩涂。同样，大丰港口三条导堤之间淤积加快，但导堤两侧侵蚀，南侧在竹港滩涂区域形成上侵与下侵。北侧四卯酉河（保护区南缓冲区）表现为潮下带侵蚀，斗龙港入海河口处于大丰港导堤和射阳港导堤之间，表现为较为特殊的侵蚀；新洋港与斗龙港之间为保护区核心区，该区域海岸侵蚀日趋严重，米草滩外缘与光滩交界处普遍发育大型侵蚀陡坎地貌；东台条子泥滩涂处于南通洋口港建设的导堤与平台北侧，潮滩变化剧烈，使潮沟的形成和走向极不稳定，影响了鸟类栖息地的稳定性。

2016 年，由盐城市海洋局组织的监测表明，盐城市海岸线全长为 373.82 km，其中：稳定型海岸线长 277.22 km；侵蚀型海岸线长 71.12 km，侵蚀面积约 20.4 $km^2$；淤涨型海岸线长 25.48 km，淤涨面积约 5.6 $km^2$，2016 年盐城滩涂陆地面积减少约 14.7 $km^2$。近几年，珍禽保护区缓冲区和核心区侵蚀加剧，部分地段在小潮或方照潮时，潮间带已消失。海岸侵蚀导致盐城市域滩涂面积减少，成陆面积也在减少。

### （二）盐城海岸湿地滩涂生态环境遭到破坏

海岸湿地滩涂的侵蚀，不仅导致滩涂面积减少，同时也带来露滩面积与时间减少，四角蛤和泥螺等底栖生物减少，鸟类觅食可利用食物和时间减少，从而使侵蚀岸线鸟类栖息地减少，鸟类数量减少。2012 年以来，保护区的核心区区域近岸海域出现明显侵蚀现象（图 1），保护区北缓冲区和核心区鸟类数量锐减。最新监测表明东台条子泥的勺嘴鹬数量减少，由 2017 年约 224 只减少到 2020 年约 131 只，专家分析可能与条子泥滩涂潮沟变化、近岸滩涂面积减少有关（图 2）。

图 1　保护区核心区高潮滩边缘的侵蚀陡坎

图 2　东台条子泥原本平坦的泥滩被冲毁形成 2 m 深的潮沟与侵蚀陡坎

## 三、实施基于自然的解决方案湿地护岸措施，以达到促淤、护鸟、储地、固碳的目的

海岸带是陆海相互作用的地带，受各种自然过程和人类活动等引起的环境扰动比较敏感。自然或人为因素的影响可能导致海岸带的潮流方向改变、水动力增强或泥沙供给量减少，从而发生海岸侵蚀的现象。波浪作用和潮流作用是主导海岸演变的重要因素，波浪会重新分送河流排出的泥沙，又对海岸造成冲击，从而导致海岸侵蚀。潮流运动可使海水中悬浮物质向其他地点运输，同时，潮汐升降使波浪对海岸作用的范围和强度时刻发生变化，从而导致海岸侵蚀。海岸工程（如港口建设导堤）可改变局部的波浪和潮流作用方向，会破坏当地海岸线的动态平衡，海滩剖面会在新动力等因素下重新塑造，对海岸造成淤涨或侵蚀影响。

### （一）基于自然的解决方案护岸措施

海岸侵蚀的防护措施就是阻止波浪和潮流对海岸或岸堤的作用。盐城市在海堤防护工作实践中有很好的经验，从过去的泥质海堤到现在的滨海县和响水县境内的钢筋与水泥的硬质海堤工程对海堤防侵蚀以及对湿地滩涂的保护发挥了积极作用，但排桩＋混凝土硬质护坡不能修复或复原淤涨的海岸自然环境，生物多样性保护作用难以发挥。

近年来，“基于自然的解决方案”方式在保护、可持续管理和恢复自然生态系统或经改造的生态系统中，有效地适应了社会挑战（如气候变化、粮食和水安全或自然灾害），同时在提供人类福祉和生物多样性利益的行动中得到运用，开展了较好的实践。在海岸防护方面，一种基于减缓洋流流速、修正洋流方向、防止海岸侵蚀，又对生态环境影响较小的软防护工程得到运用，以达到护滩与促淤涨，修复、保全自然或改善生态环境，增强生物多样性保护的目的。这种方式采用建设“丁坝”式

暗坝和离岸暗堰可有效达到侵蚀海岸的生态修复。“丁坝”又称挑流坝，通常与海岸呈“丁”字形，是与海岸正交或斜交并深入海中的海岸建筑物，由丁坝组成的护岸工程能够减缓波浪强度和修正潮流方向，削弱对海岸的直接作用，从而保护海岸免遭冲刷。“丁坝”式暗坝能够削弱波浪和潮流对海岸的侵蚀，促进海水中泥沙在坝两侧沉淀和淤积，长时间的淤泥堆积生成新的海滩，进而达到保护海滩的目的。离岸暗堰是与海岸线平行且具有一定距离的海岸构筑物，可消除入射波能，减缓流速并使泥沙在暗堰后淤积，从而发挥保护海岸的作用。“丁坝”暗坝和离岸暗堰组合使用能有效防止海岸侵蚀、保护滩涂，并可加速促淤涨，促进滩涂形成，恢复了底栖生物和植被，重建了鸟类栖息地，增加了陆域国土面积。有研究表明，滩涂沉积湿地可加快碳的储存，每年每平方米的固碳作用可达到 1.11 ～ 2.41 kg。因此，应该有力地增强滩涂湿地的生态服务功能。目前，此种基于自然的解决方案护岸方式在国内外均有成功案例，值得借鉴。

**（二）上海市南汇东滩护滩工程的成功案例**

上海市南汇东滩浦东新区及滨海新城临港开发区为加固海堤，改善前期圈围滩涂形成的严峻的滨海湿地和鸟类栖息地丧失问题，减缓对生态的影响，在 2013 年实施了采用“丁坝”暗坝和离岸暗堰组合形式的促淤工程，促淤积近 148.7 $km^2$。截至目前，部分滩涂高程达到 2.5 m 以上，已形成 410.0 $km^2$ 有植被的滩涂。当地物种海三棱藨草群落得到恢复，互花米草面积增加，促淤效果更显著，鸟类多样性水平提升。此举增强了滩涂湿地的固碳作用，提升了生态服务功能，取得了较好的生态效益，并为后人（子孙）增加了土地后备资源和陆域国土面积。

**（三）盐城市域海岸滩涂增长的先例**

盐城市在港口建设过程中，为建码头或防港池波浪和航道淤积，建设了向海方向的导堤，类似“丁坝”暗坝。几年之后，在导堤两侧都发生滩涂淤涨，滩涂面积在持续增加。滨海港、射阳港、大丰港都发生了淤积，尤其是射阳港导堤（图 3）和大丰港两个码头之间（图 4）淤涨最为明显。从 2011 年射阳港建港后淤长已达 3.0 $km^2$；大丰港在 1998 年建港后整体向海淤进 3 831.9 m，平均东淤速率每年达 191.6 m，面积近 146.7 $km^2$（含已围面积）。

图 3　射阳港导堤两侧滩面淤积卫星遥感图

图 4　射阳港导堤与大丰港导堤之间滩面淤积卫星遥感图

### （四）对南黄海实施海岸线侵蚀岸段生态修复的建议

为防止海岸港口工程对滩涂湿地、自然遗产地和保护区产生不良影响，建议：一是加快开展盐城市域滩涂湿地的监测评估影响研究，建立科学监测与评估海岸侵蚀现象体系，弄清海岸侵蚀的成因和趋势，对海岸带综合治理提供理论支撑；二是借鉴上海南汇东滩等区域的成功经验，在响水、射阳、大丰和东台等滩涂侵蚀区域，启动实施“丁坝”暗坝和离岸暗堰组合形式的基于自然解决方案的海岸生态修复工程的论证工作；三是争取国家有关方面支持，尽早实施海岸线保护工程，更好地保护世界迁徙候鸟栖息地，兑现江苏盐城对国际社会的承诺，提供更多生态产品，增强滩涂湿地碳汇功能，保护生物多样性，同时增加盐城土地后备资源，为盐城经济发展添后劲，为祖国边疆增加陆域面积。

## 作者介绍

陈浩，男，1966 年生，研究员，从事野生动物与栖息地保护工作 30 年，主持和参与“盐城湿地生态保护特区生物多样性保护与栖息地恢复科技示范”“基于完整生物链修复的综合湿地恢复技术推广项目”等科研课题或林业推广项目 40 余项，编著《丹顶鹤》《盐城湿地我的家》《保护区综合科考察》等专著 10 部，发表《鸟类自然保护区高致病性禽流感防控策略》等论文 40 余篇。“麋鹿与丹顶鹤保护及栖息地恢复技术研究”项目成果获第三届梁希林业科学技术奖一等奖。编写的《盐城湿地我的家》获第十届梁希科普作品奖一等奖。主持的“滨海滩涂湿地盐地碱蓬群落生态修复技术及应用示范”项目荣获第八届淮海科学技术奖科技创新一等奖。

徐贵耀，男，1965 年生，中共盐城市委党校教务处处长、教授，硕士生导师。主要研究方向为社区经济、马克思主义中国化。

赵永强，男，1973 年生，工程师。1993 年至今在盐城国家级珍禽自然保护区工作，主要从事生态保护、资源调查与监测等工作。

陈国远，男，1966 年生，兽医师。1996 年 1 月至今在盐城国家级珍禽自然保护区工作，主要从事资源管理与保护、野生动物救护等工作。